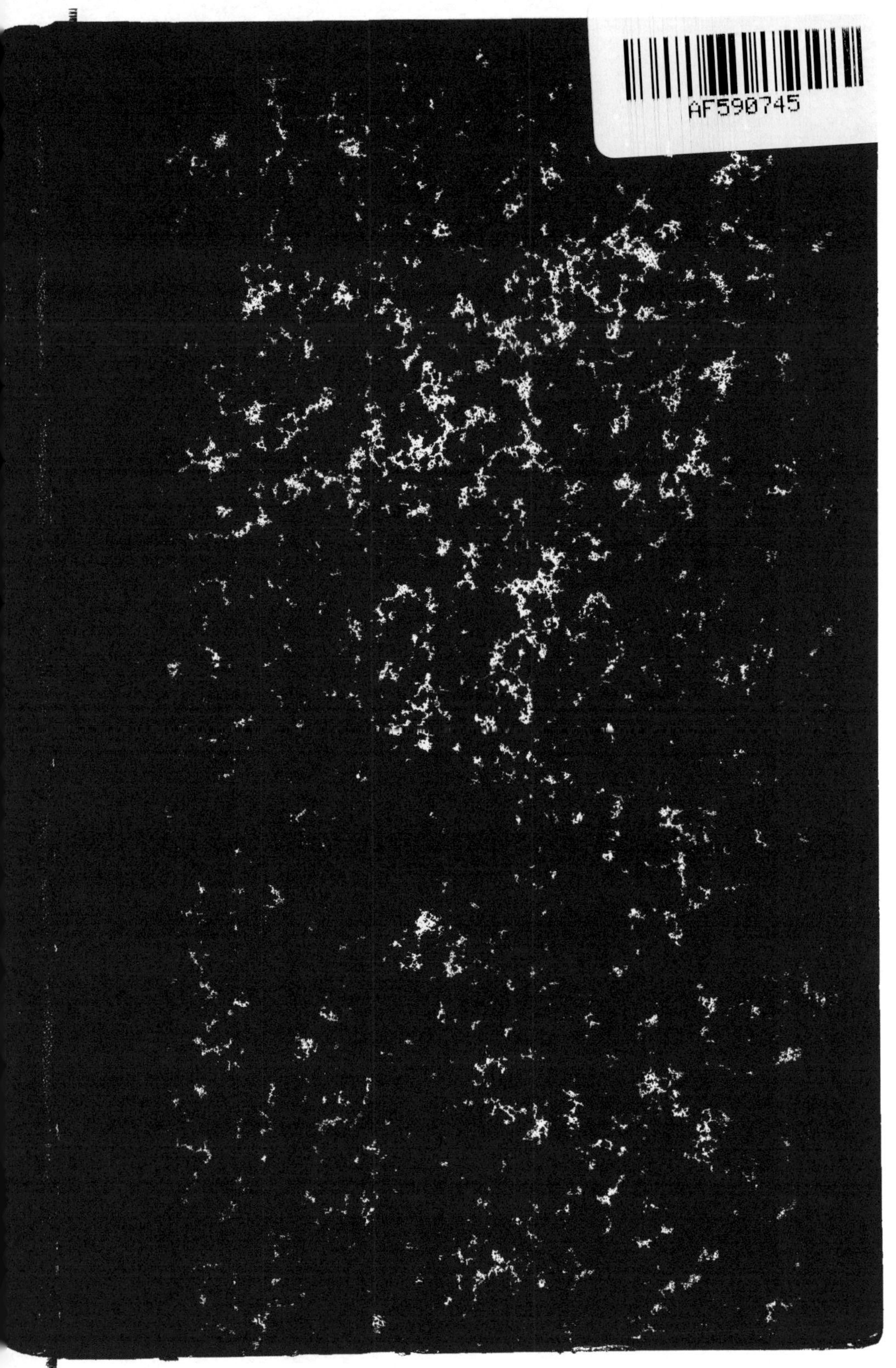

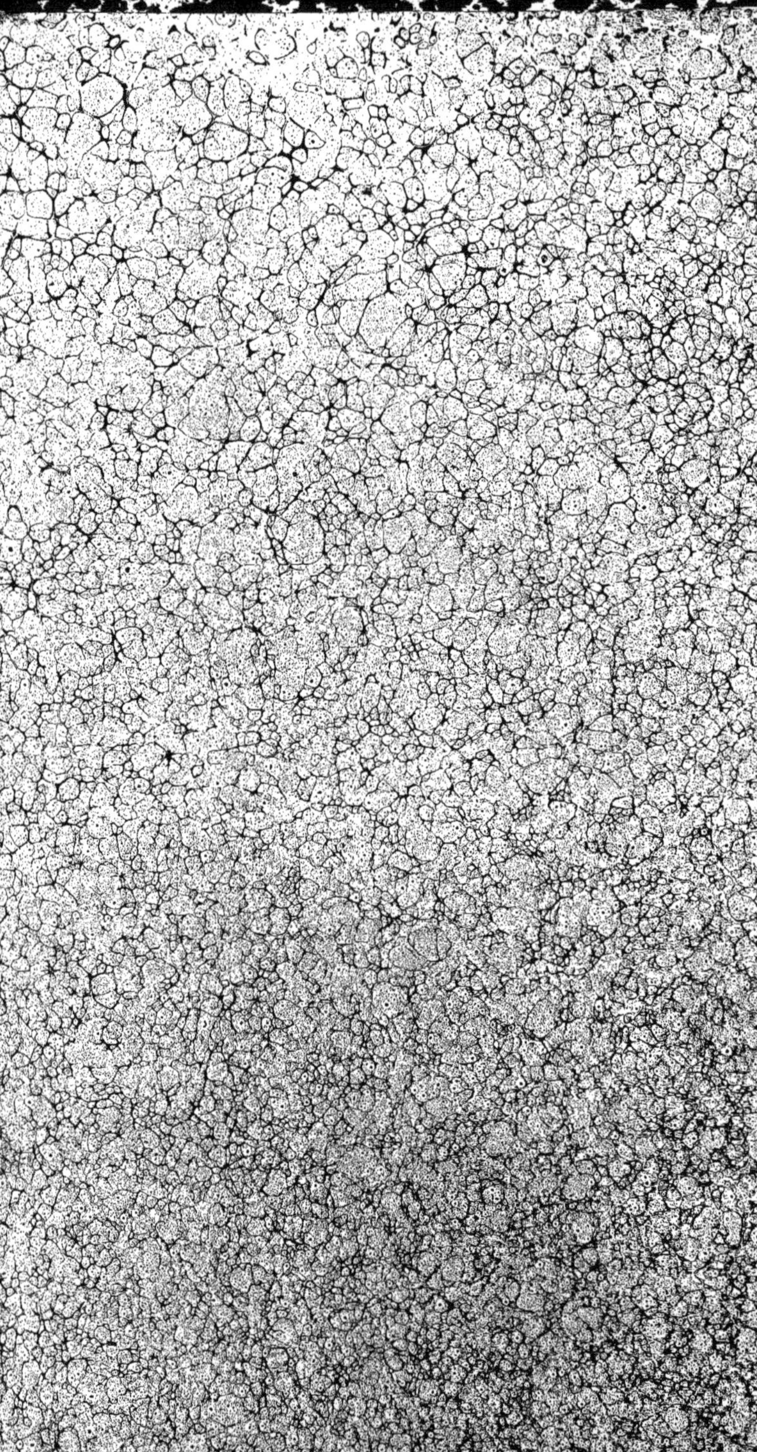

X

179

OSTÉOGRAPHIE

OU

DESCRIPTION ICONOGRAPHIQUE

COMPARÉE

DU SQUELETTE ET DU SYSTÈME DENTAIRE

DES MAMMIFÈRES

RÉCENTS ET FOSSILES

POUR SERVIR DE BASE A LA ZOOLOGIE ET A LA GÉOLOGIE

PAR

H. M. DUCROTAY DE BLAINVILLE

MEMBRE DE L'INSTITUT (ACADÉMIE DES SCIENCES)

PROFESSEUR D'ANATOMIE COMPARÉE AU MUSÉUM D'HISTOIRE NATURELLE, ETC.

OUVRAGE ACCOMPAGNÉ DE 329 PLANCHES LITHOGRAPHIÉES SOUS SA DIRECTION

PAR M. J. C. WERNER

Peintre du Muséum d'Histoire naturelle de Paris

PRÉCÉDÉ D'UNE ÉTUDE SUR LA VIE ET LES TRAVAUX DE M. DE BLAINVILLE

PAR M. P. NICARD

ATLAS — TOME DEUXIÈME

Composé de 117 Planches

SECUNDATÈS

PARIS

J. B. BAILLIÈRE ET FILS

LIBRAIRES DE L'ACADÉMIE IMPÉRIALE DE MÉDECINE

Rue Hautefeuille, 19.

LONDRES

HIPP. BAILLIÈRE, 219, Regent-street.

NEW-YORK

BAILLIÈRE BROTHERS, 440, Broadway.

MADRID

BAILLY-BAILLIÈRE, Plaza del Principe-Alfonso, 8.

1839—1864

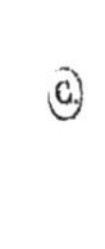

TABLE DES PLANCHES

CONTENUES DANS LE DEUXIÈME VOLUME.

SECUNDATÉS.

CARNASSIERS.

G. Phoca, avec 10 planches.

G. Ursus, avec 18 planches.

G. Subursus, avec 17 planches.

G. Mustela, avec 15 planches.

G. Viverra, avec 13 planches.

I. Squelette de la *Mangusta Ichneumon* femelle.
(La planche II n'existe pas.)
II. — du *Paradoxurus typus* mâle.
(La planche III est double.)
III. Squelette du *Cynogale Bennettii* mâle.
IV. — de la *Viverra civetta* femelle.
V. Têtes de la *Mang.* (*Suricata*), *Tetradactyla*.
— de la *Mang.* (*Cynictis*), *penicillata*.
— du *Bassaris astuta*.
— de la *Mangusta paludinosa*.
— de la *Mang.* (*galictis*), *striata*.
— de la *Mang.* (*Athylax*), *galera*.
VI. — du *Cryptoprocta ferox*.
— de la *Mang. galidia, elegans*.
— de la *Mangusta vitticollis*.
— de la *Mangusta brachyura*.
— du *Paradoxurus? Hamiltonii*.
VII. — du *Paradoxurus Derbyanus*.
— du *Paradoxurus auratus*.
— du *Paradoxurus typus*.
— du *Cynogale Benettii*.
VIII. — du *Viverra zybetha*.
— du *Viverra genetta*.
— du *Viverra civetta*.
— du *Eupleres goudotii*.
IX. Parties caractéristiques du tronc.
X. Parties caractéristiques des membres (antérieurs).
XI. Parties caractéristiques des membres (postérieurs).
XII. Système dentaire.
XIII. *Viverræ antiquæ*.

G. Felis, avec 20 planches.

I. Squelette du Lion de Barbarie (*F. Leo*).
II. — du Jaguar du Brésil (*F. Onça*).
III. — du Lynx (*F. Lynx*).
IV. — du Guépard (*F. Jubata*).
V. Têtes du *Felis Leo*.
— du *F. Barbarus*.
VI. — du *F. Leo Nubicus*.
— du *F. Leo Indicus*.
— du *F. Leo Senegalensis*.
— du *F. Leo Capensis*.
— du *F. Concolor*.
VII. — de *Felis Tigris, Sumatrano*.
VIII. — du *F. Pardus Barbarus*.
— du *F. Pardus Sumatranus*.
Têtes du *F. onça*.
— du *F. onça Peruviana*.
IX. — du *F. Planiceps*.
— du *F. Catus Ferus*.
— du *F. Maniculata Fera*.
— du *F. Serval*.
X. — du *F. Longicaudata*.
— du *F. Caracal*.
— du *F. Jubata Senegalensis*.
— du *F. Montana*.
XI. Parties caractéristiques du tronc (série vertébrale).
XII. Parties caractéristiques des membres (antérieurs).
XIII. Parties caractéristiques des membres (postérieurs).
XIV. Système dentaire.
XV. *Feles fossiles*.
XVI. *Feles fossiles* (mandibules).
XVII. *Feles fossiles*.
XVIII. *Feles fossiles*.
XIX. *Feles antiquæ*.
XX. *Felis Smilodon* (du Brésil).

G. Canis, avec 16 planches.

I. Squelette du Renard à grandes oreilles (*C. Megalotis mas*).
II. — du Renard noir d'Amérique (*C. Vulpes*).
III. — du Loup d'Europe (*C. Lupus fœm*).
III *bis*. — du Protel de Lalande (*Proteles Lalandii*).
IV. Têtes du *Megalotis*.
— du *C. Cinereo-Argenteus*.
— du *C. Azaræ*.
— du *C. Vulpes*.
V. — du *C. Lagopus*.
— du *C. Corsac*.
— du *C. Aureus barbar*.
— du *C. Aureus moreoticus*.
VI. Têtes du *C. Lupus Canadensis*.
VII. — du *C. Latrans*.
— du *C. campestris*.
VII *bis*. — du *C. Familiaris Australasiæ*.
— du *C. F. Byzanticus* (*anom*).
— du *C. F. Nipalensis*.
— du *C. F. domesticus*.
— du *C. F. Graius*.
— du *C. F. Pyrenaicus* (*anom*).
— du *C. familiaris Cayennensis*.
— du *C. F. Graius*.
— du *C. F. domesticus*.
— du *C. F. Nipalensis*.
— du *C. familiaris Terræ-Novæ*.
— du *C. familiaris Sumatrensis*.
VIII. — du *C. Primævus*.
— du *C. Pictus*.
— du *C. Brachyotos*.
— du *C. Cancrivorus*.
IX. Parties caractéristiques du tronc.
X. Parties caractéristiques des membres (antérieurs).
XI. Parties caractéristiques des membres (postérieurs).
XII. Système dentaire.
XIII. *Canes fossiles*.
XIV. *Canes antiqui*.

G. Hyæna, avec 8 planches.

I. Squelette de la Hyène rayée (*H. vulgaris*).
II. Têtes de la *H. vulgaris*.
— de la *H. Barbara*.
III. — de la *H. Crocuta*.
— de la *H. Fusca*.
IV. Parties caractéristiques du tronc.
V. Parties caractéristiques des membres (antérieurs et postérieurs).
VI. Système dentaire.
VII. Hyènes fossiles (*H. Spelæa*).
VIII. *Hyænæ fossiles*.

Paris. — Imprimé par E. Thunot et Cᵉ, 26, rue Racine.

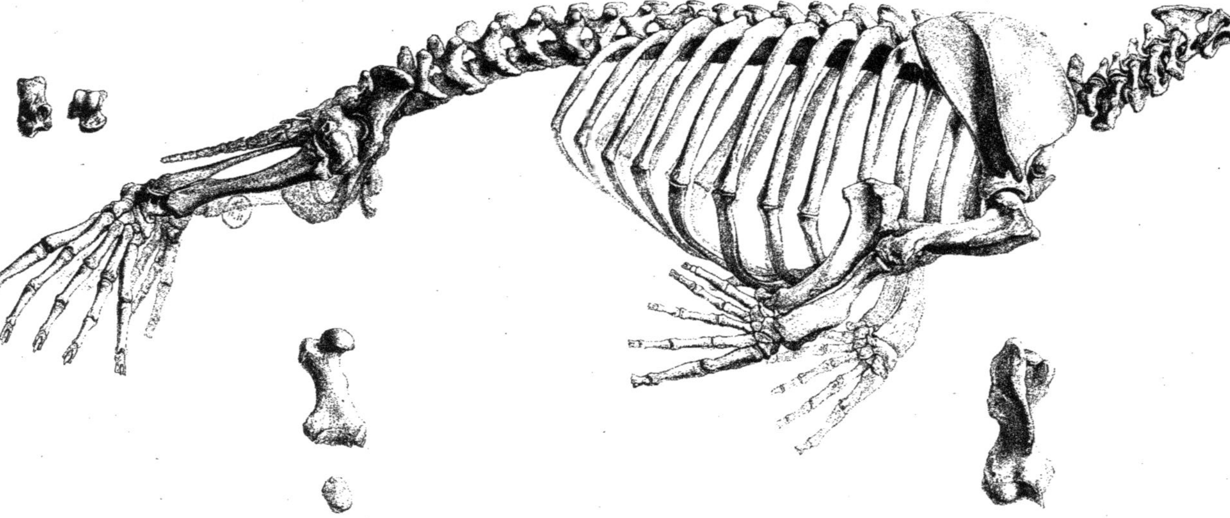

MORSE.
(Trichechus rosmarus. L.) 1/6

Werner Del. Lith. de Becquet.

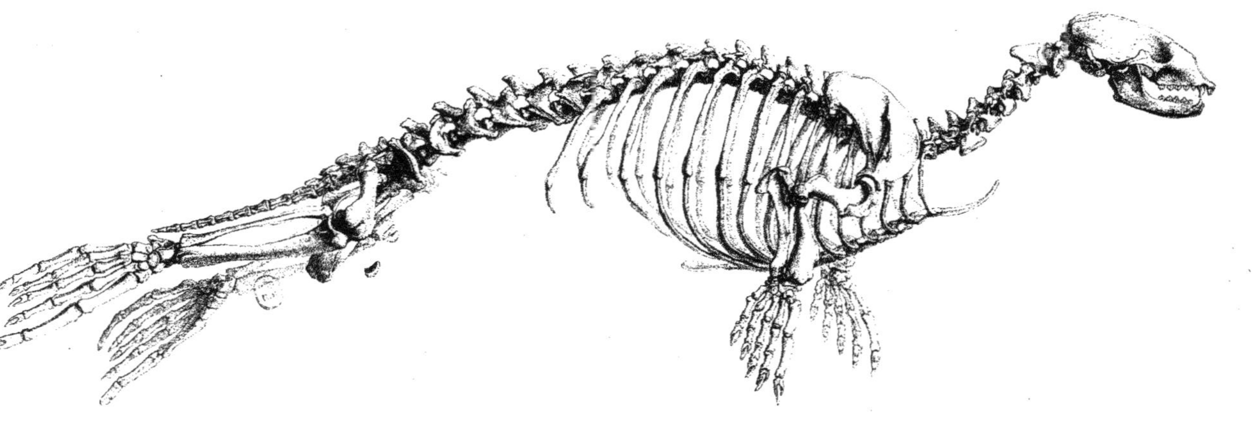

PHOQUE COMMUN.

(P. vitulina L.) 1/6

Werner del. Lith. de Becquet.

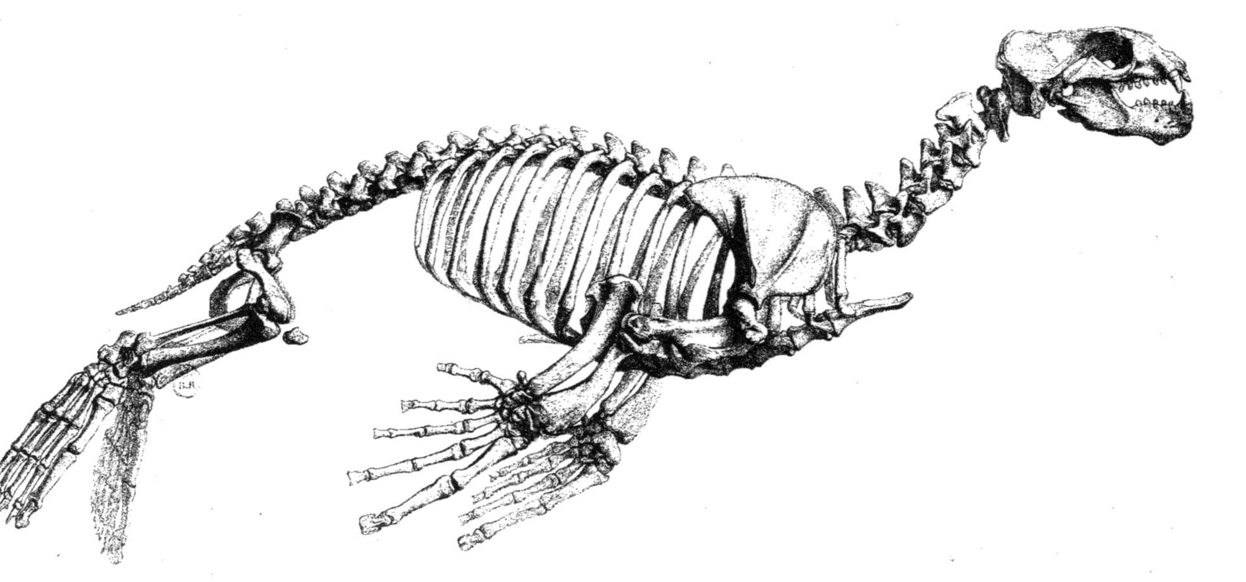

LION MARIN.
(P. jubata.) 1/8

Werner. Del. Lith. de Becquet.

MORSE.

(Trichechus rosmarus. L.) 2/5

Werner Del.

Lith. de Becquet.

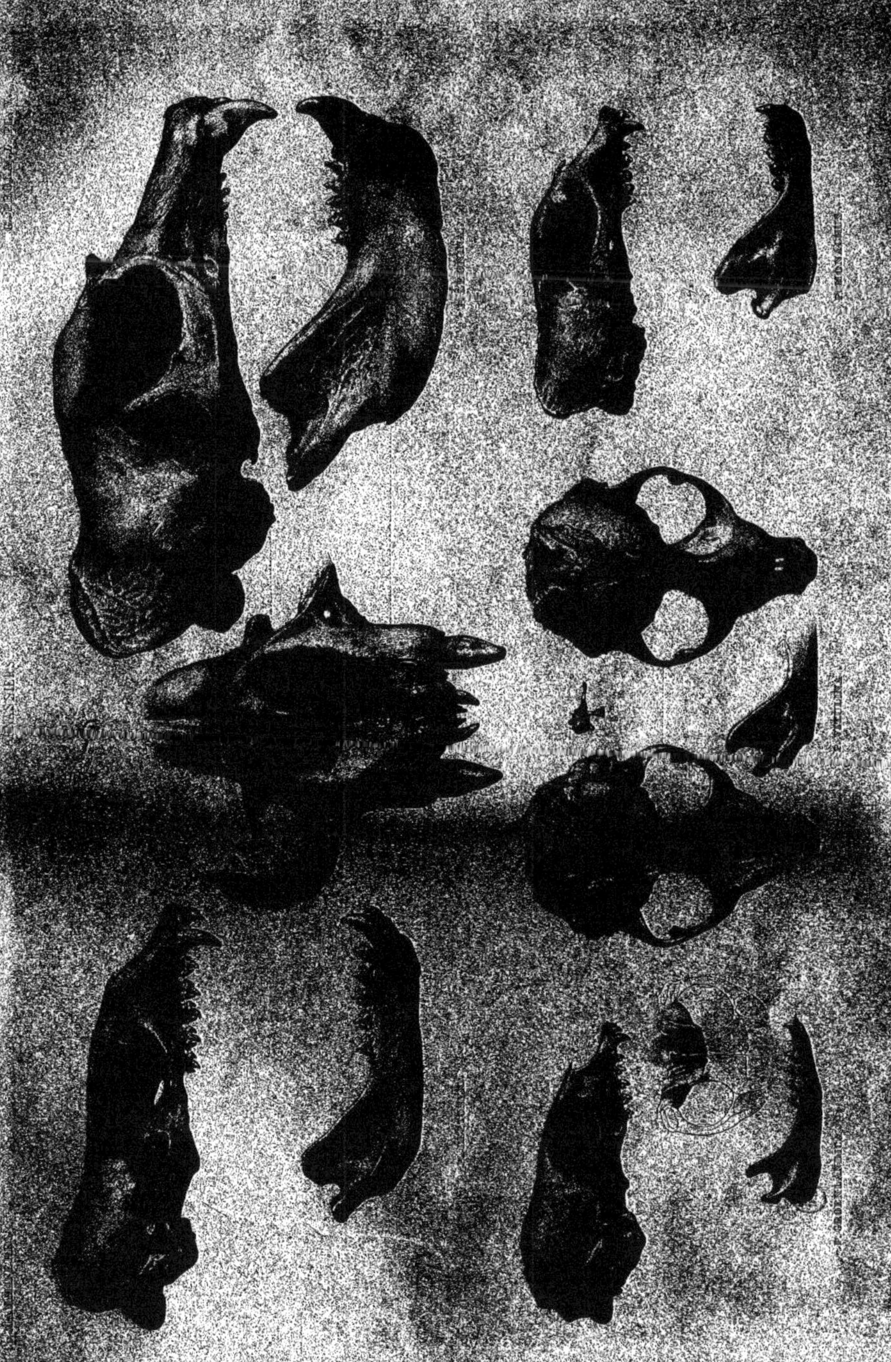

LION MARIN.

(P. Jubata.) ⅕

Werner, Del.

Lith. de Becquet.

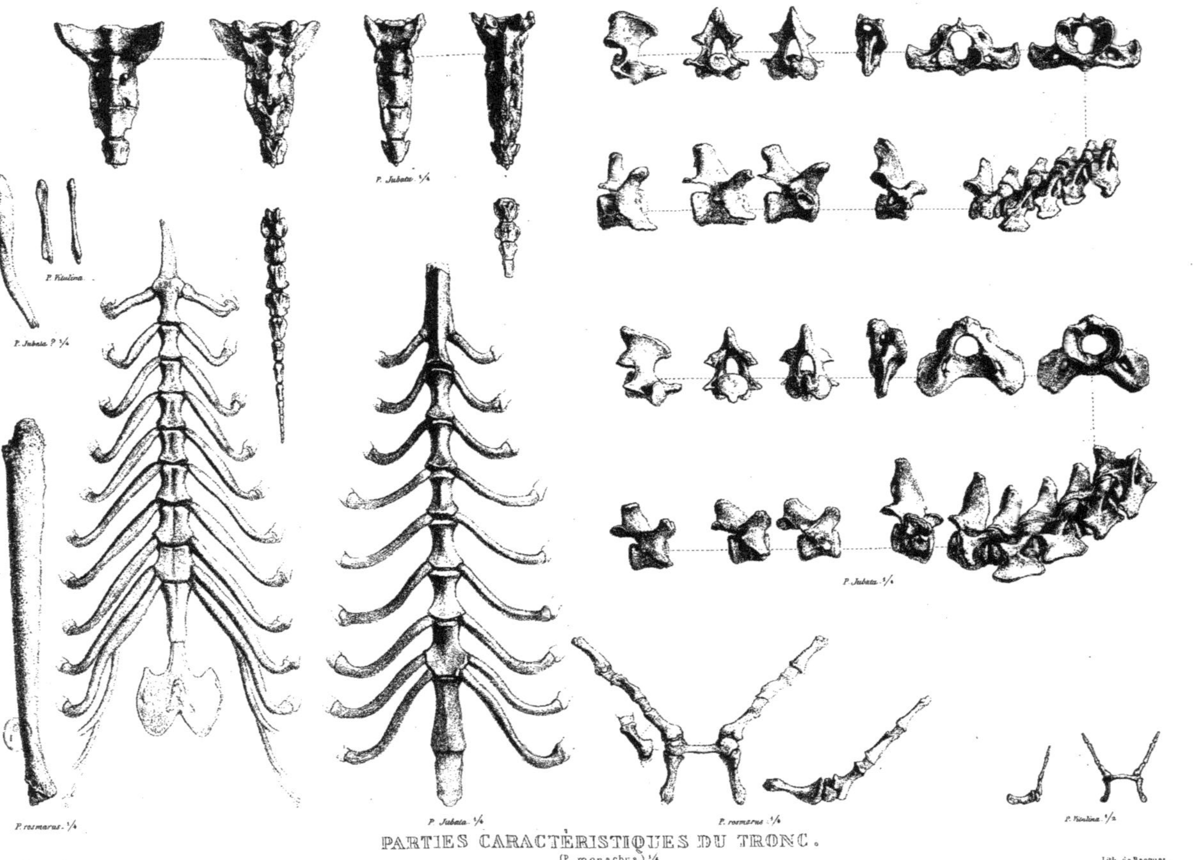

PARTIES CARACTÉRISTIQUES DU TRONC.
(P. monachus.) 1/4

Werner. Del.

Lith. de Becquet.

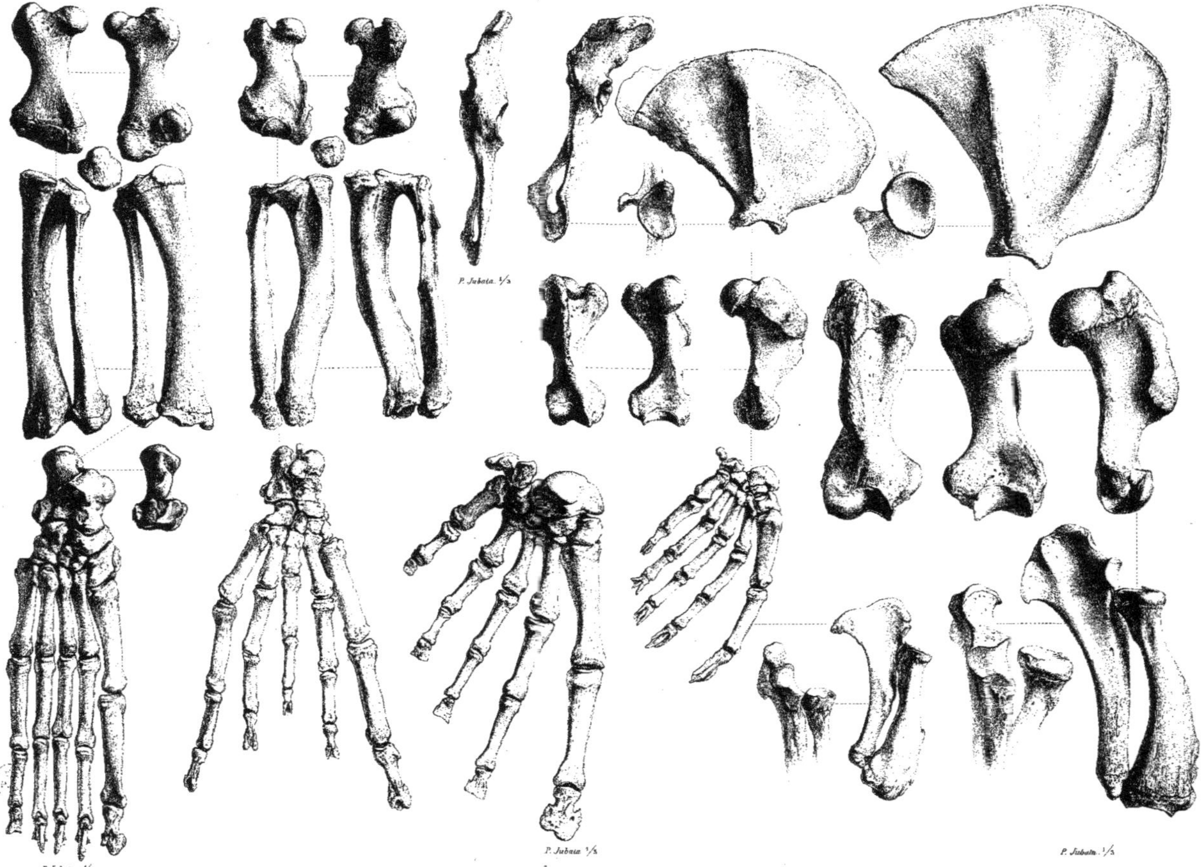

P. Jubata. 1/2

P. Jubata. 1/2

P. Jubata. 1/2

P. Jubata. 1/2

PARTIES CARACTÉRISTIQUES DES MEMBRES.

(Phoca monachus.) 1/4

Werner Del.

Lith. de Becquet.

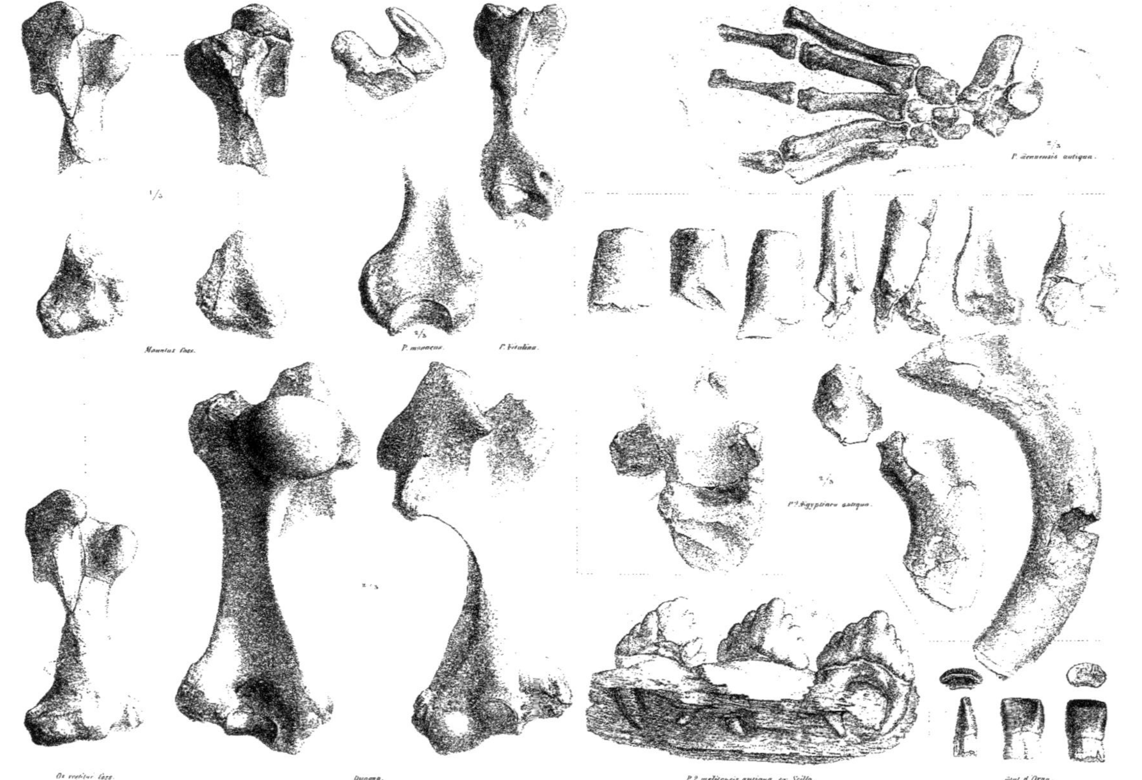

PHOCÆ ANTIQUÆ.

Werner del. Lith. de Becquet.

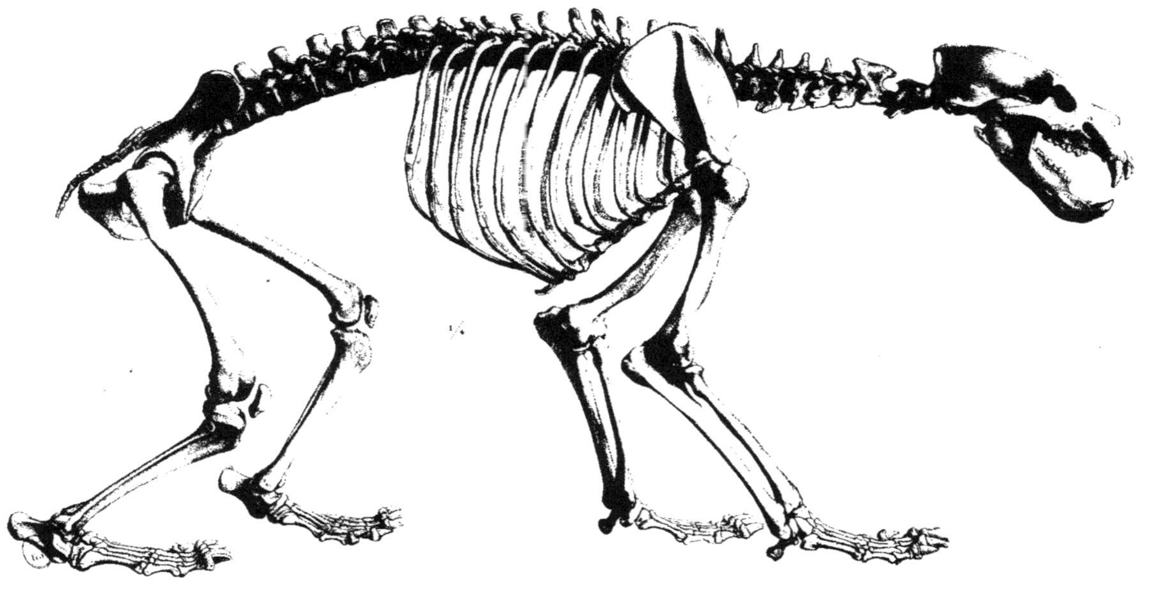

OURS BLANC *Fœm.*
(U. maritimus)

Werner. del. Lith. de Becquet.

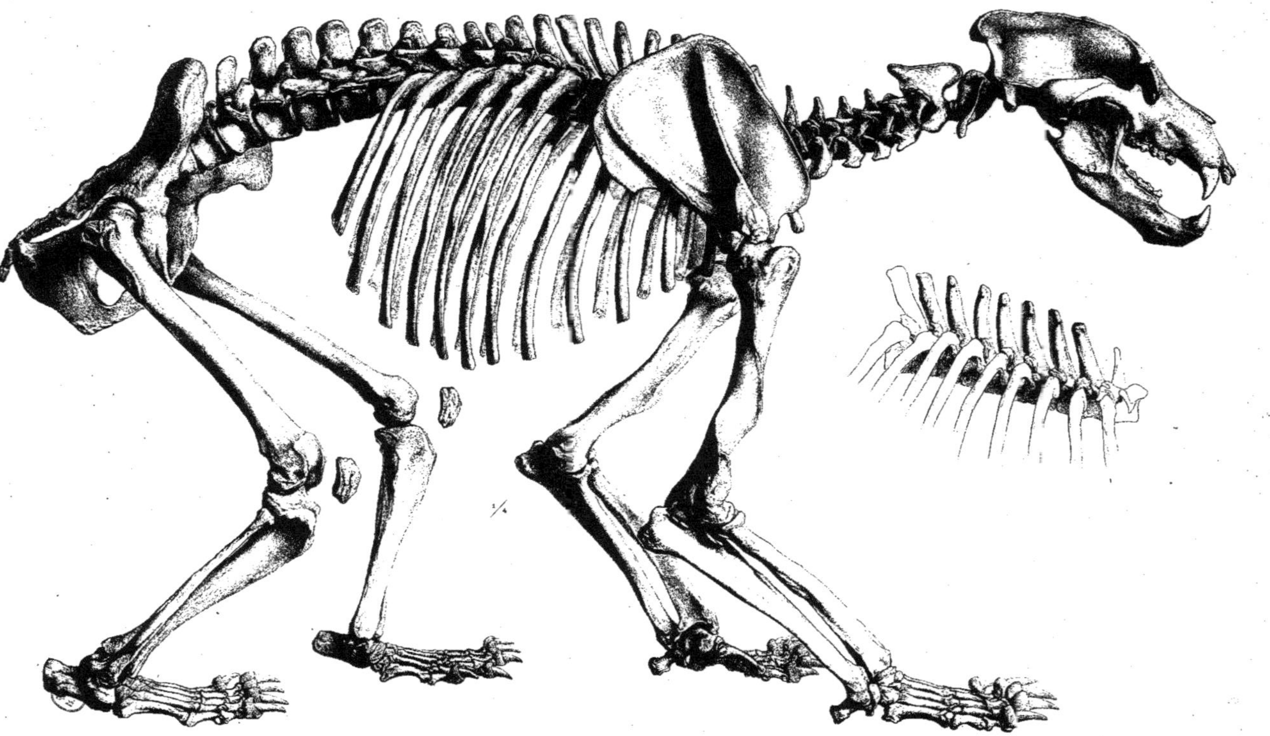

OURS DE CALIFORNIE.

(U. Arctos ferox.)

Werner, del. Lith. de Becquet.

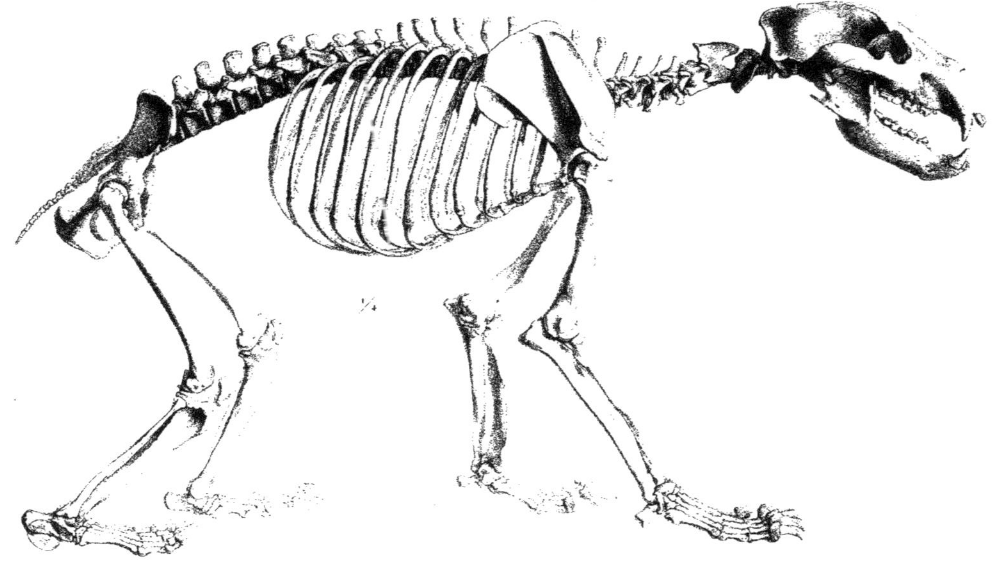

1/4

OURS DES ASTURIES Fem.

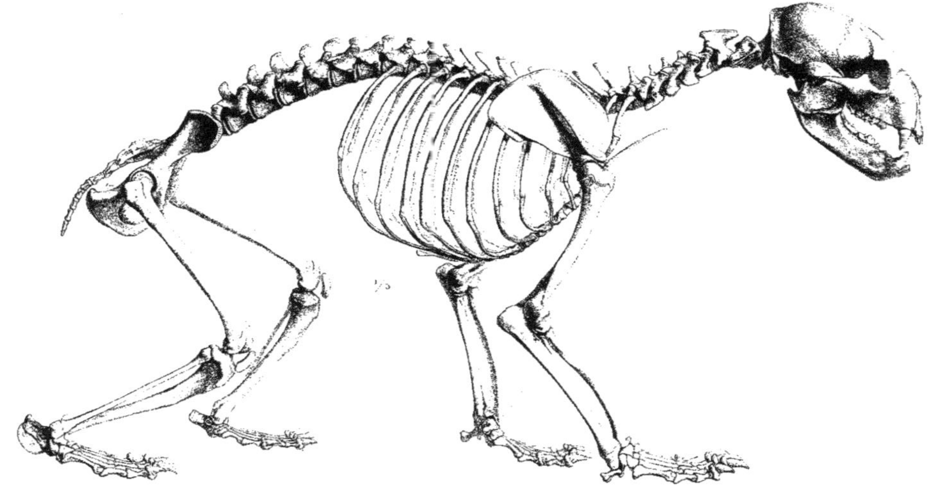

OURS DES CORDILIÈRES.
(U. ornatus.)

Werner del.   Lith. de Becquet.

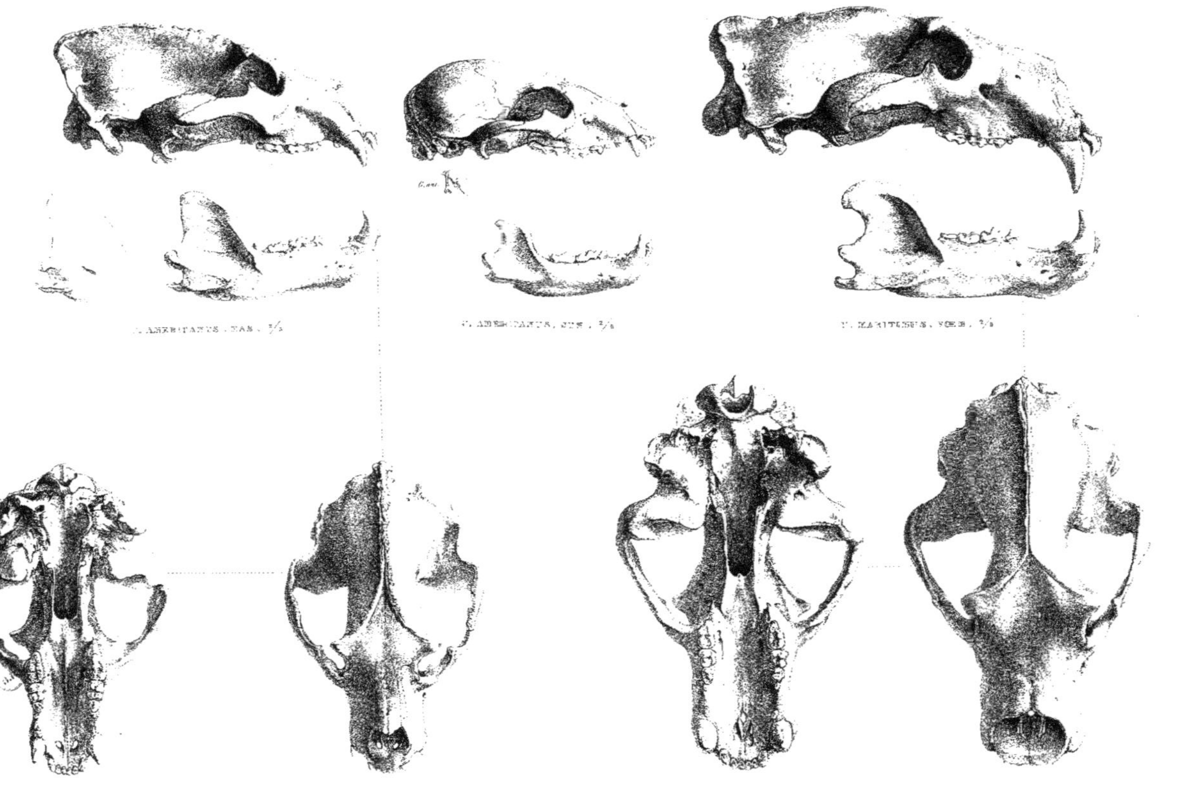

U. AMERICANUS. MAS. 2/5

U. AMERICANUS. JUV. 2/5

U. MARITIMUS. FOEM. 2/5

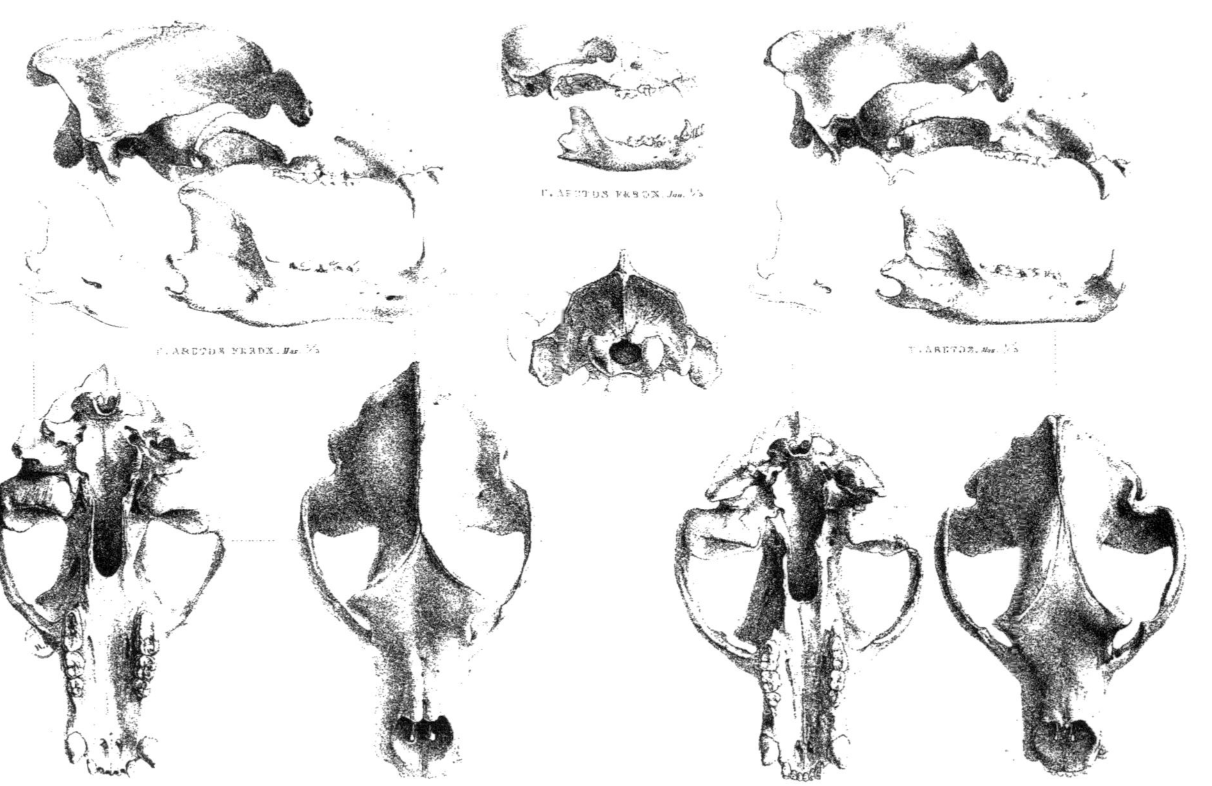

U. ARCTOS FEROX. Mas. 1/3

U. ARCTOS FEROX. Jun. 1/3

U. ARCTOS. Mas. 1/3

Werner del. Lith. de Becquet.

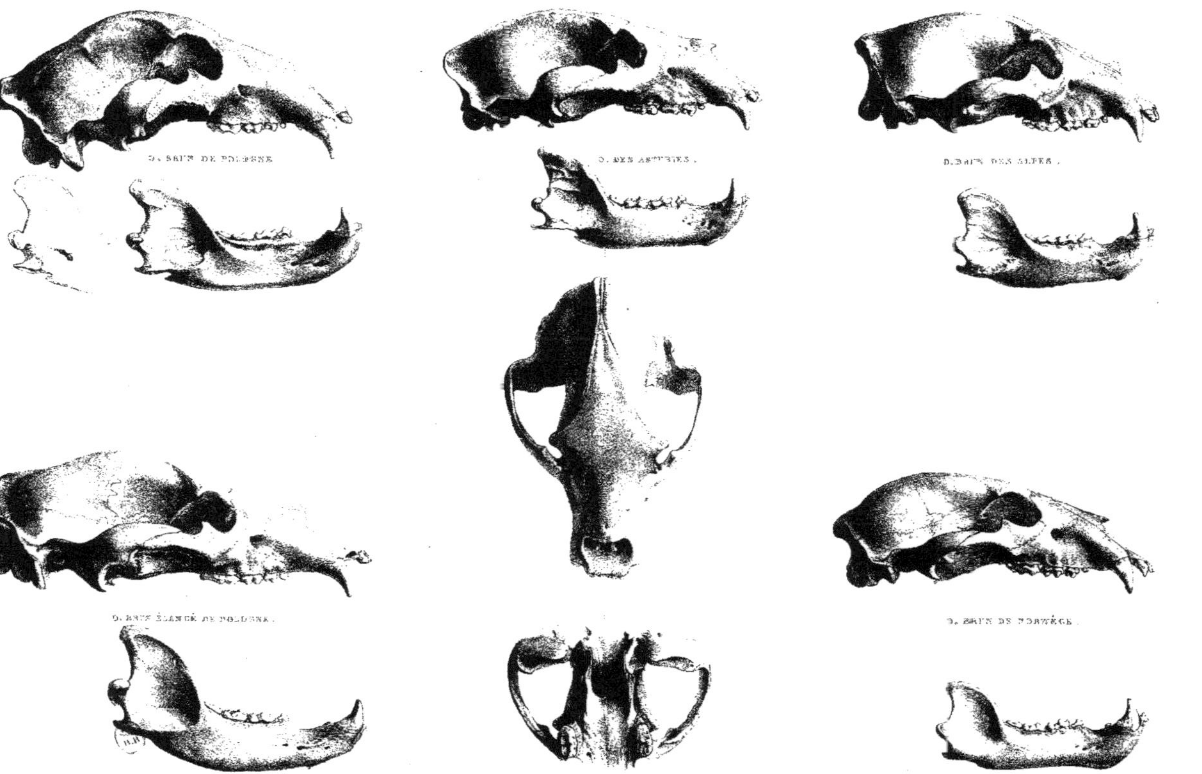

U. ARCTOS.
(Ours d'Europe.) ½

Werner del. Lith. de Becquet.

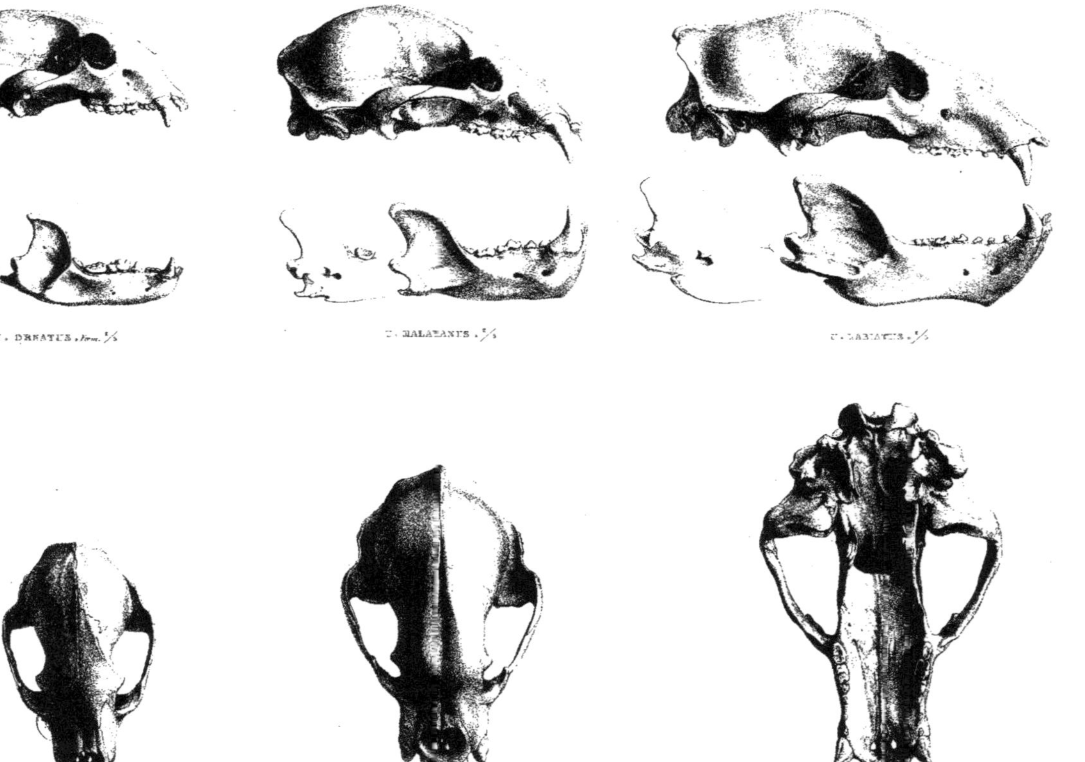

U. ORNATUS, *Fem.* 1/3 — U. MALABARIS. 1/3 — U. LABIATUS. 1/3

Werner del. — Lith. de Becquet.

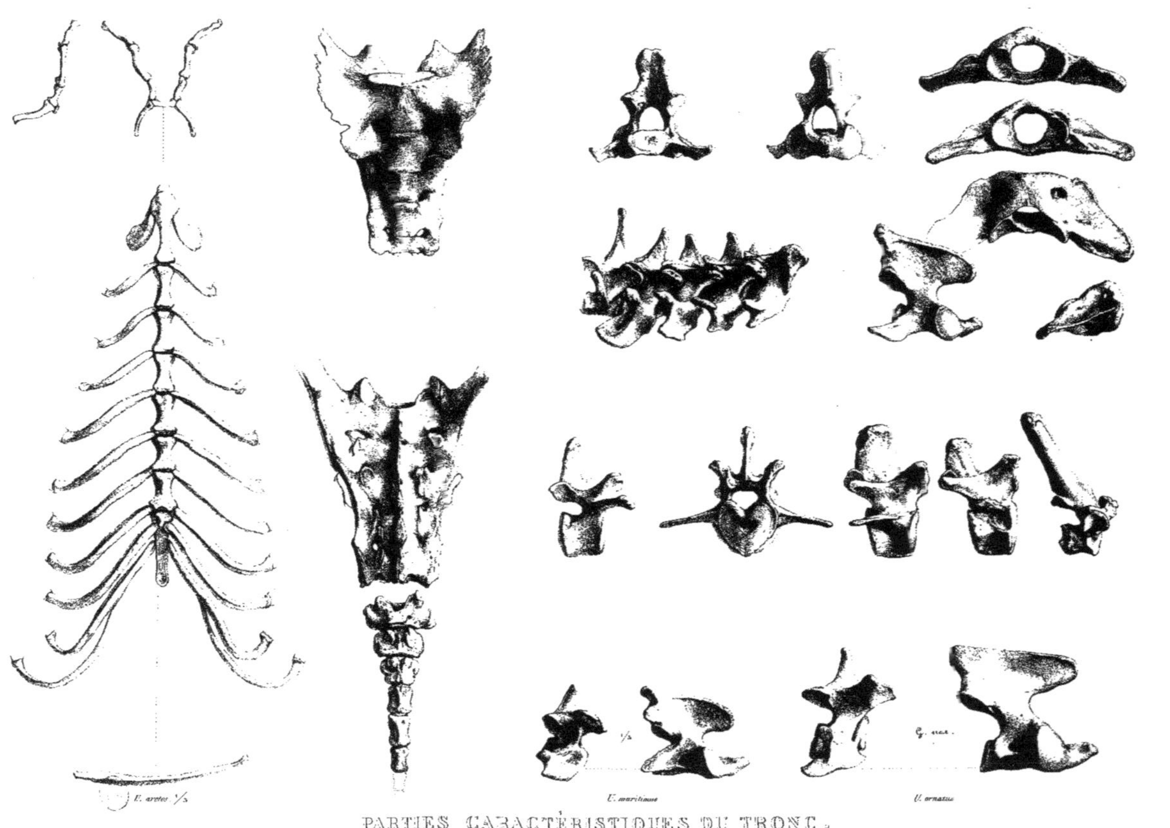

PARTIES CARACTÉRISTIQUES DU TRONC.

(U. Arctos ferox) 1/3

Werner del. Lith. de Becquet.

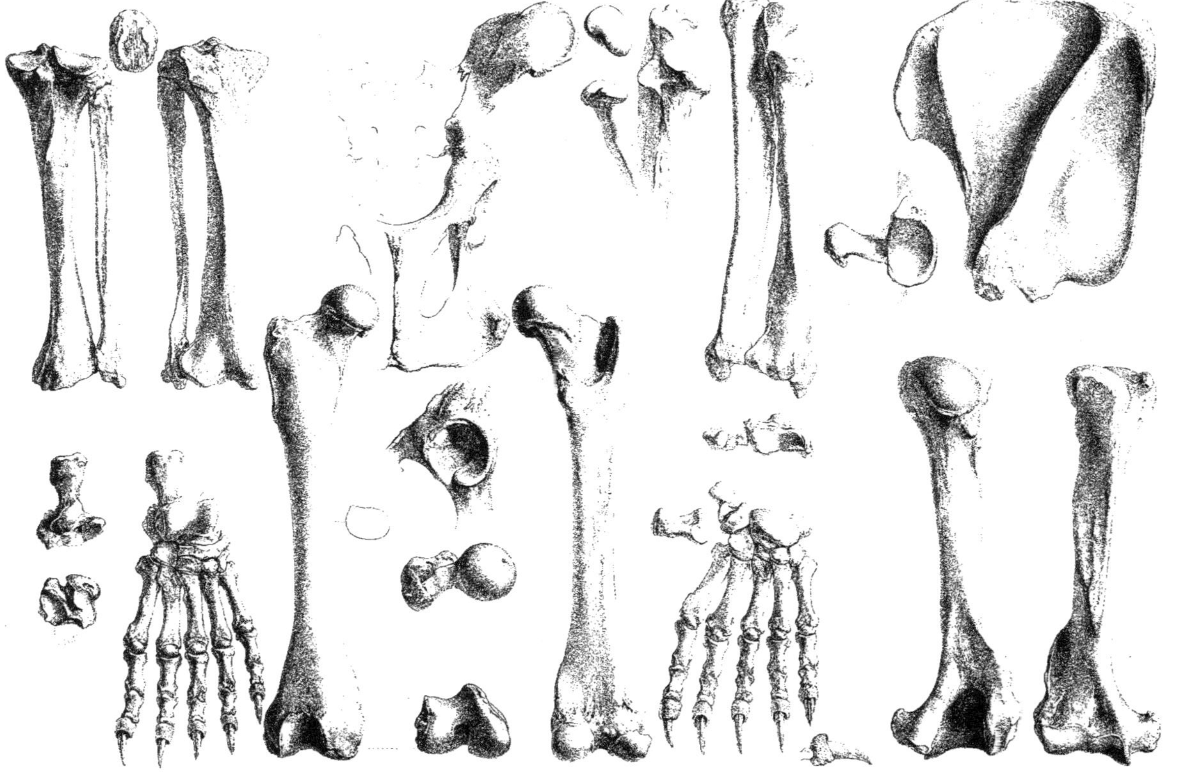

PARTIES CARACTÉRISTIQUES DES MEMBRES.

([illegible]) 1/3

Werner del. Lith. de Becquet

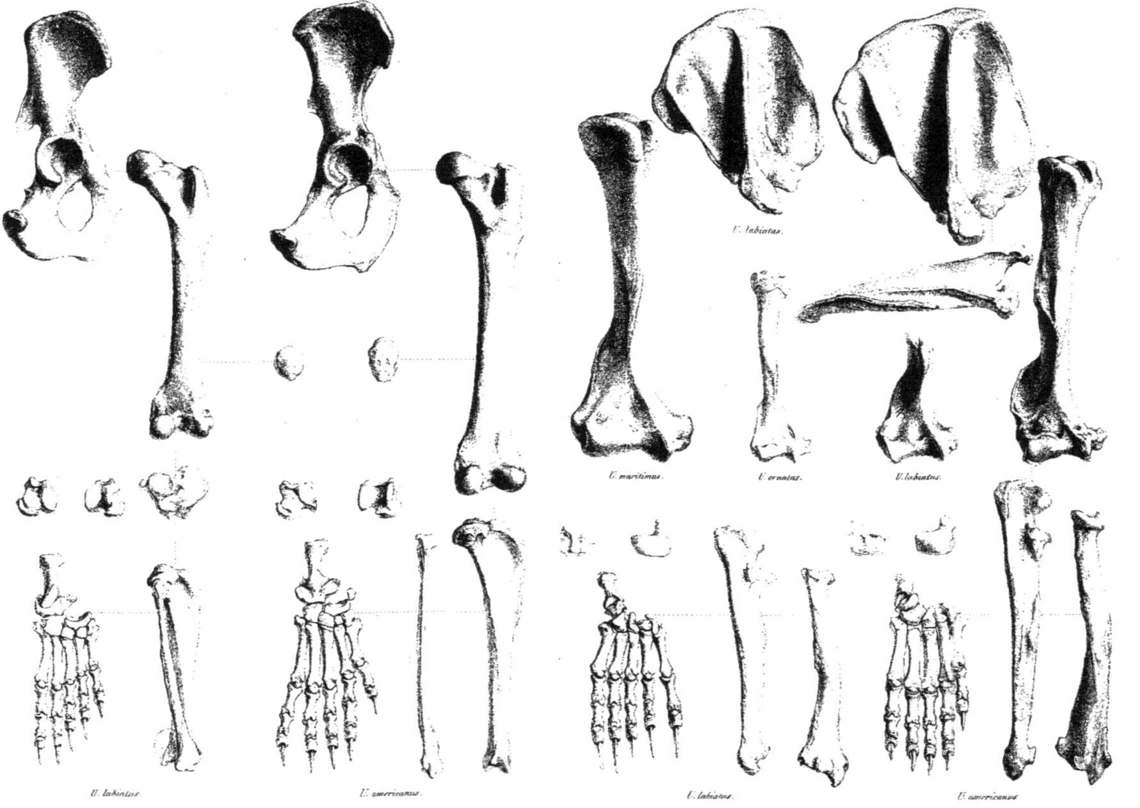

PARTIES CARACTÉRISTIQUES DES MEMBRES. 1/5
(U. maritimus, americanus, labiatus.)

Werner del. Lith. de Becquet.

OURS, SYSTÈME DENTAIRE.

(U. Americanus)

Werner, del. Lith. de Becquet.

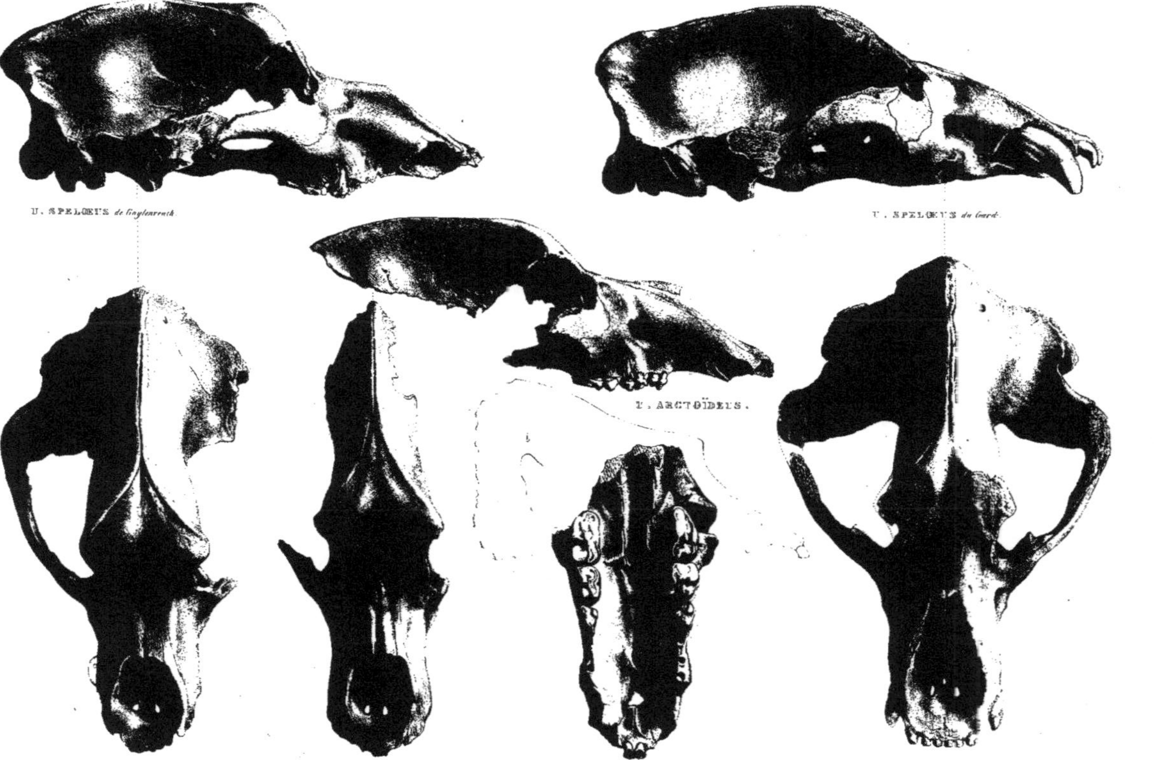

URSI ANTIQUI. 1/3

Werner del. Lith. de Becquet.

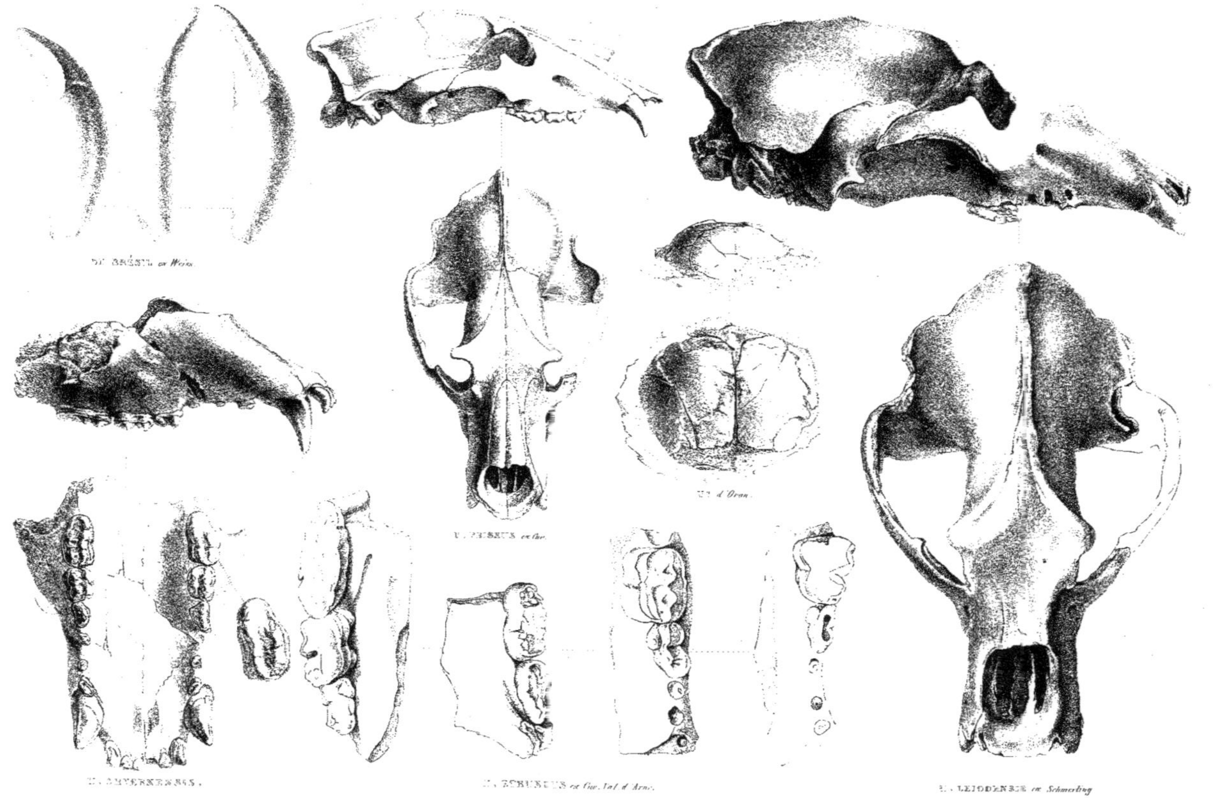

URSI ANTIQUI.

Lith. de Becquet.

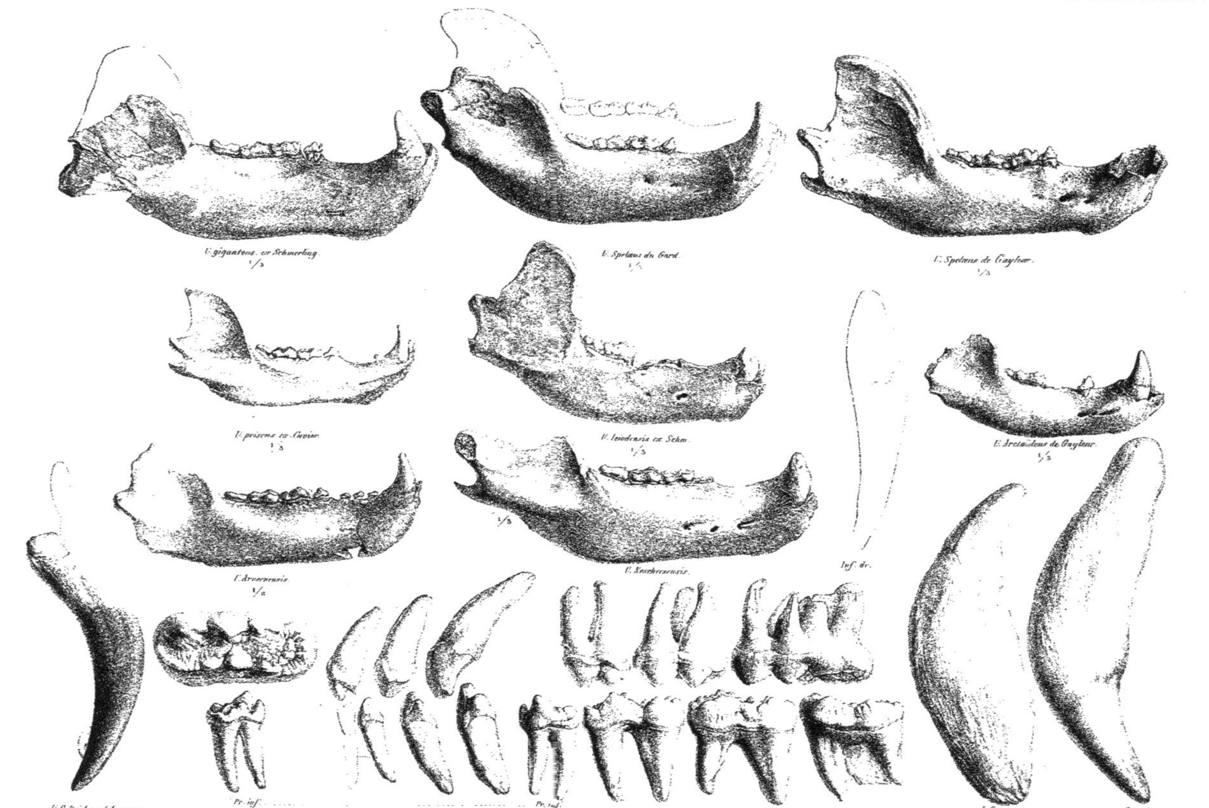

URSI ANTIQUI.

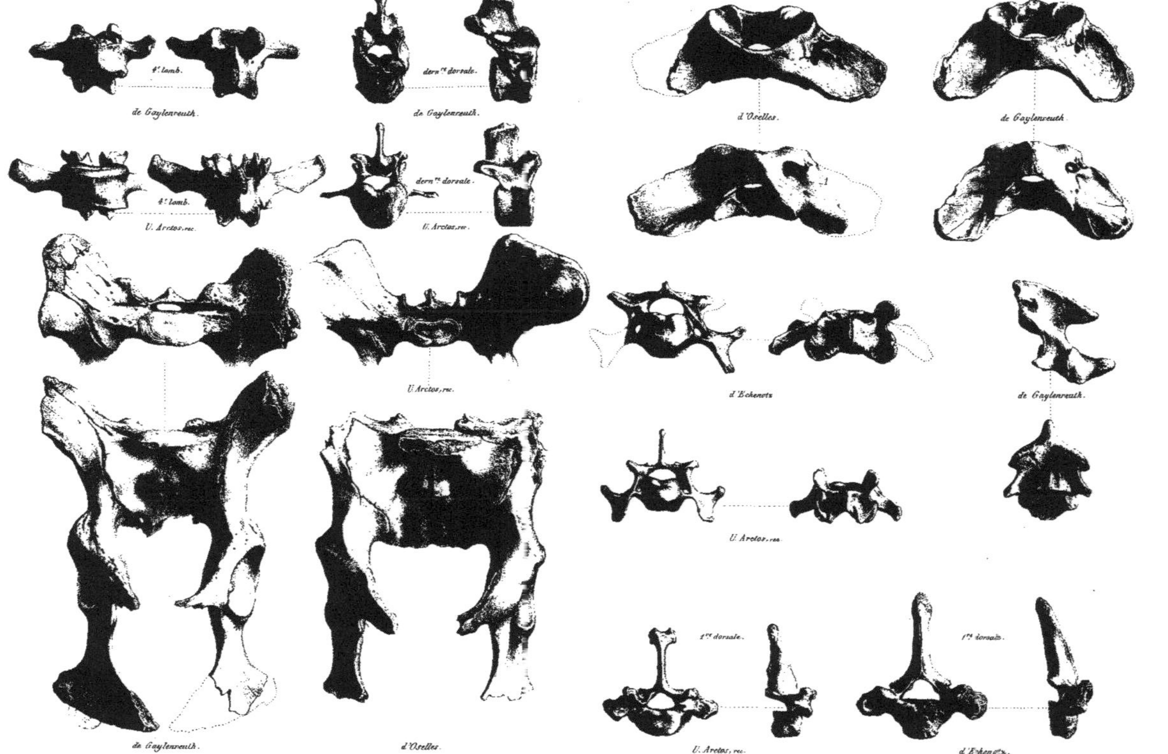

URSI ANTIQUI. 1/3

Parties du tronc.

Werner del.

Lith. de Becquet

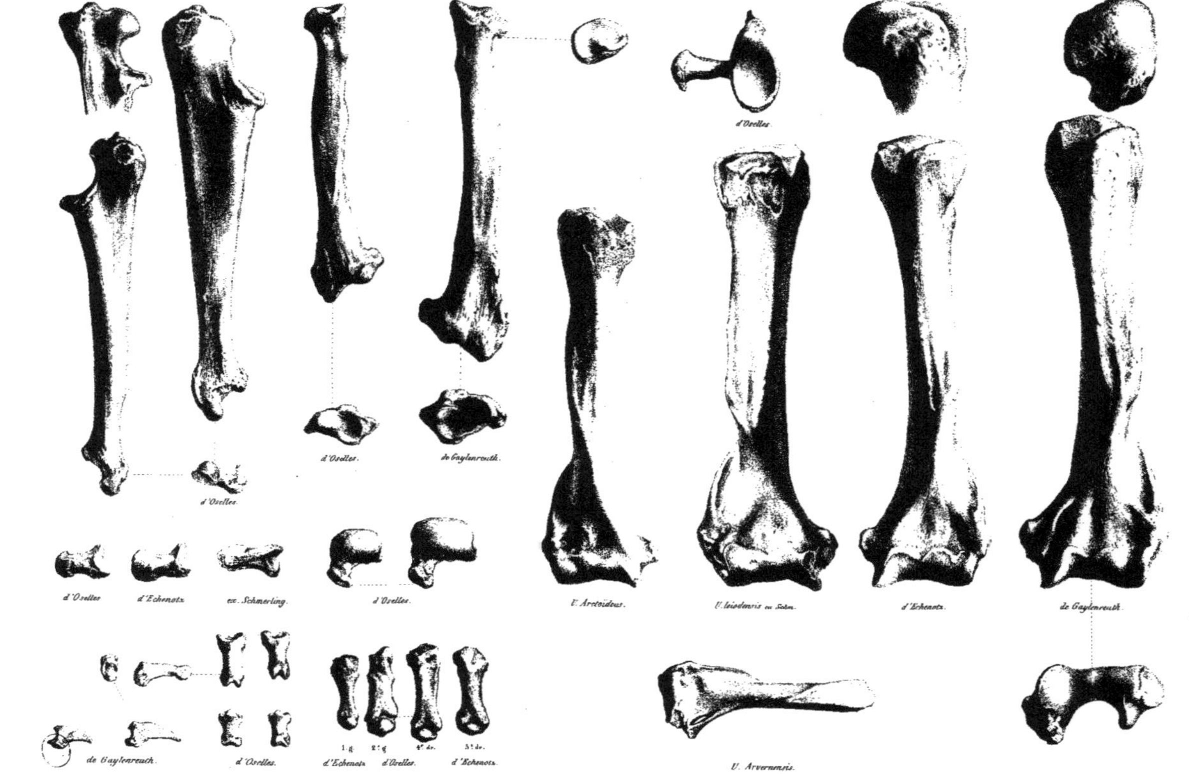

URSI ANTIQUI, 1/3

Werner del.

Lith. de Becquet.

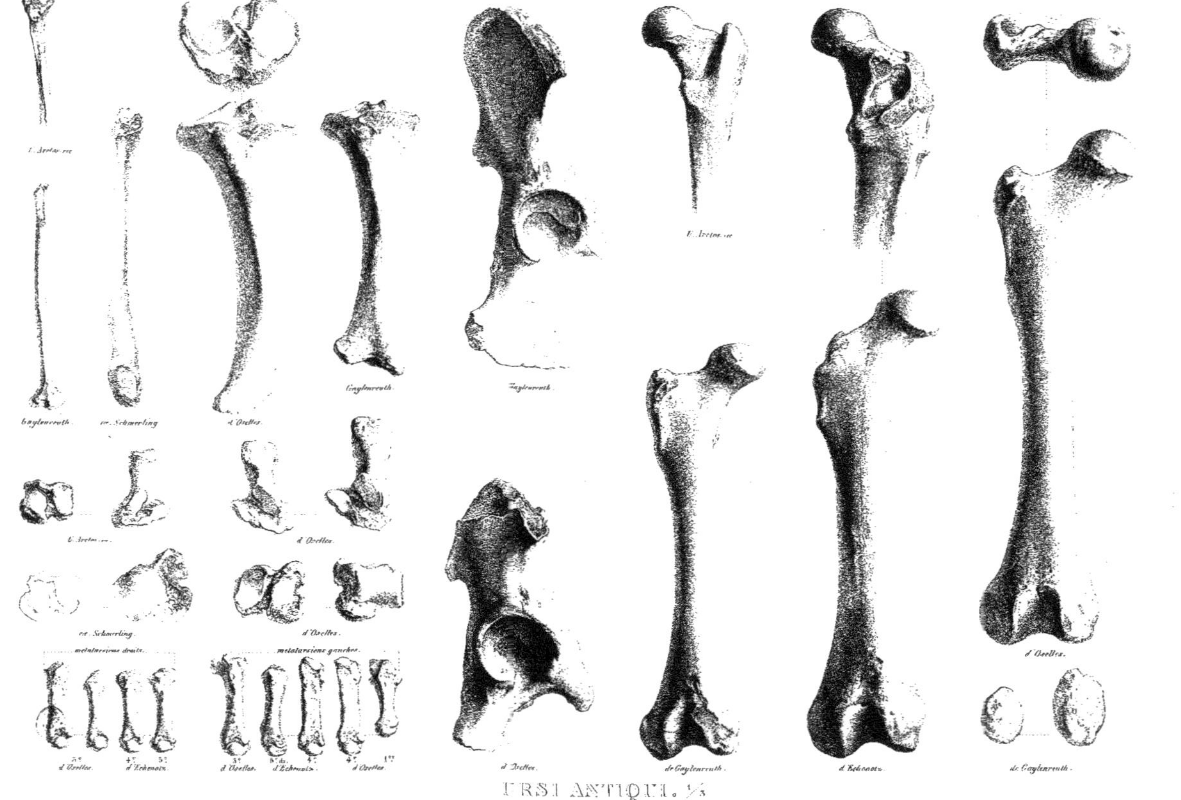

URSI ANTIQUI. 1/3

Membres post.

Werner del. Lith. de Becquet.

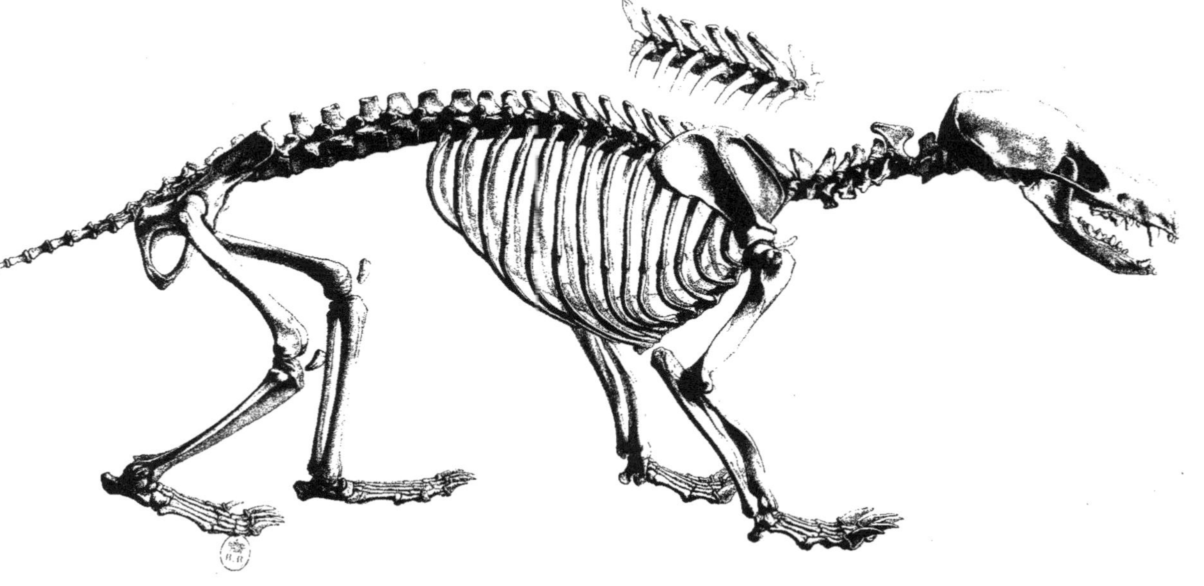

TELEGGO.

OU TELAGON.

(Mydaus javanus.)

Werner del. Lith. de Becquet.

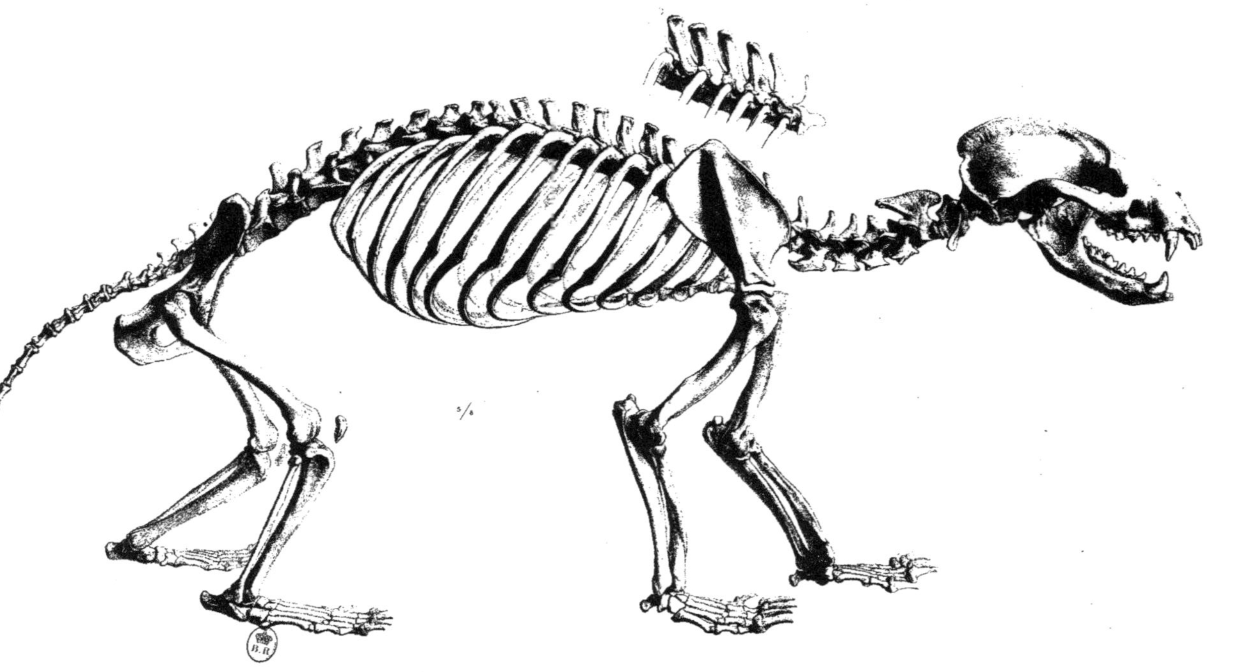

BLAIREAU *mâle*.
(Meles Taxus)

Werner, del. Lith. de Becquet.

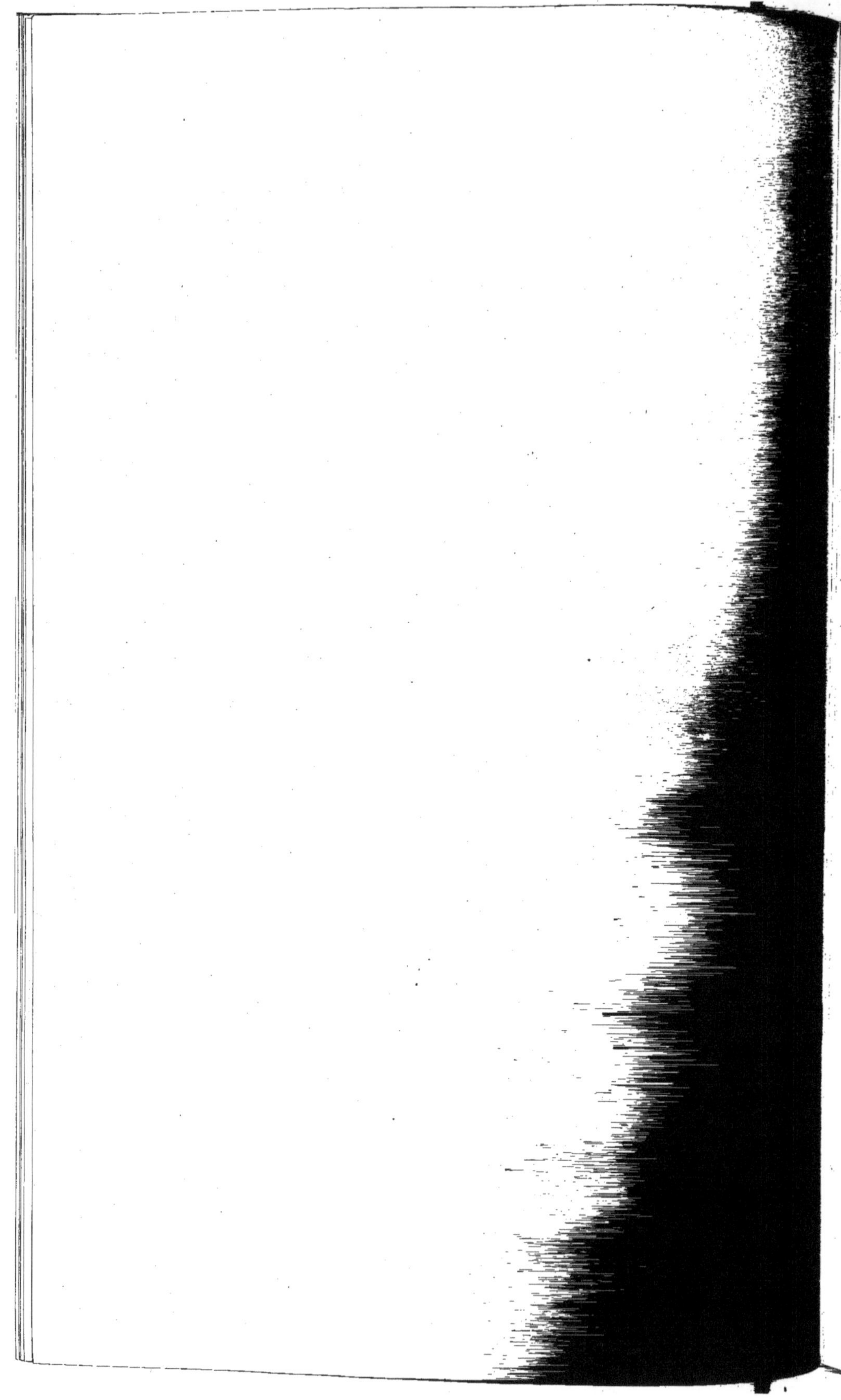

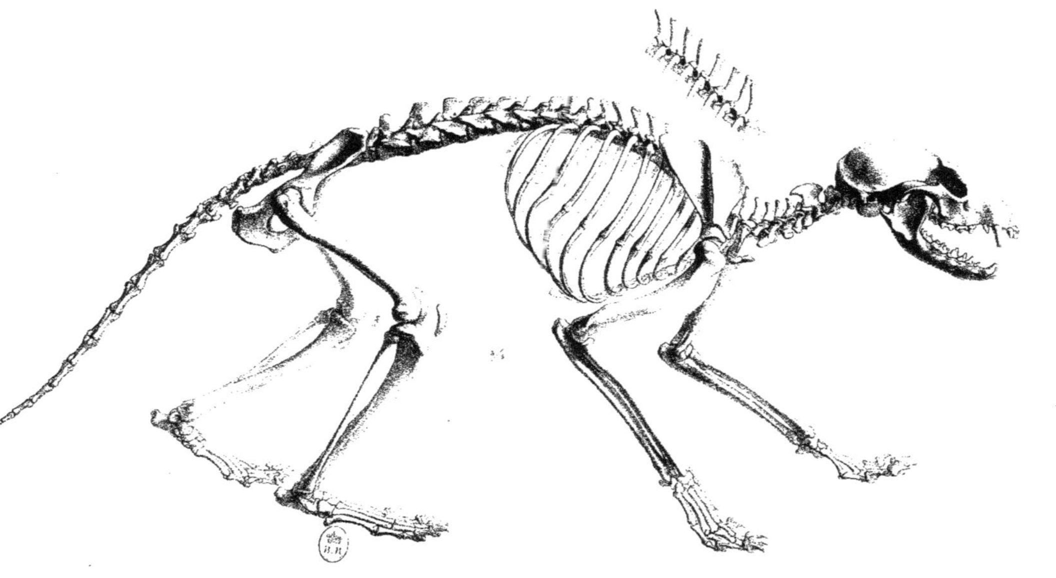

RATON LAVEUR.
(Procyon lotor)

Werner del. Lith. de Becquet

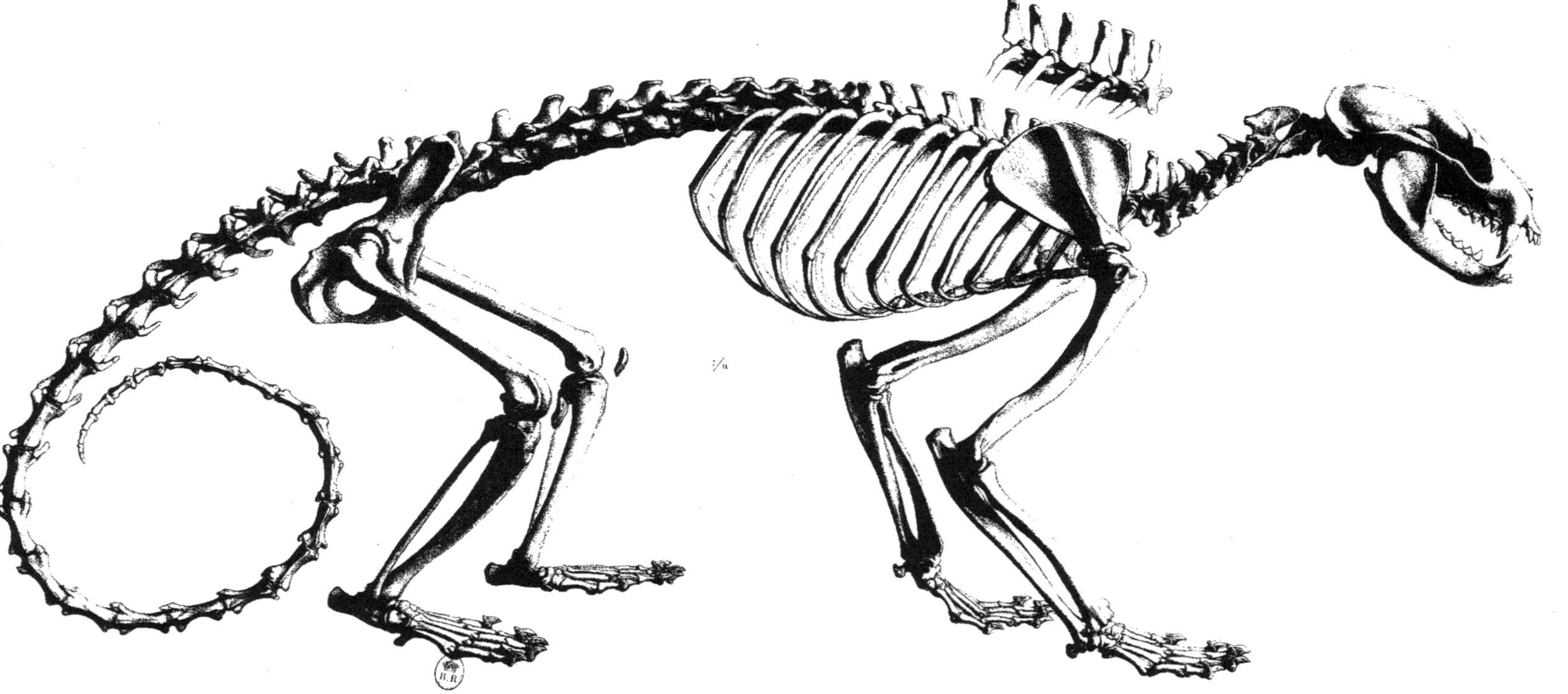

BINTURONG.

(Arctictis binturong)

Werner del. Lith. de Becquet.

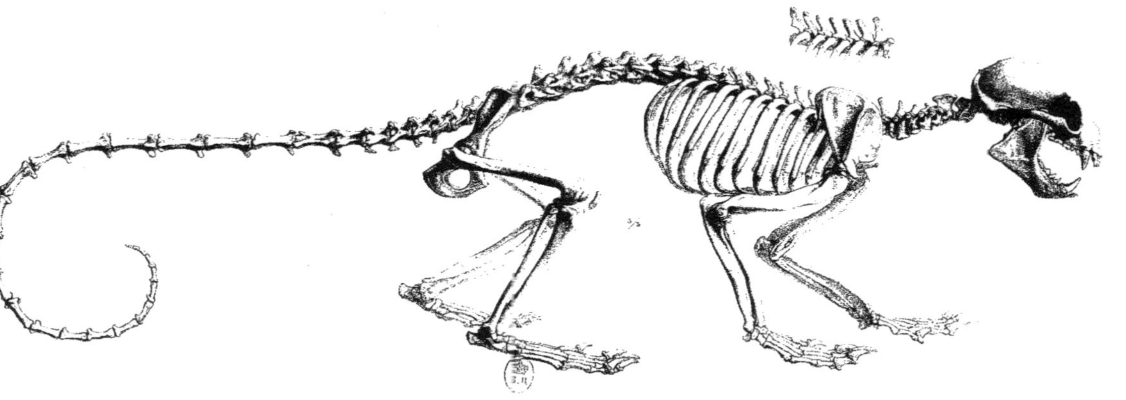

KINKAJOU *Fem.*
(Cercoleptes caudivolvulus)

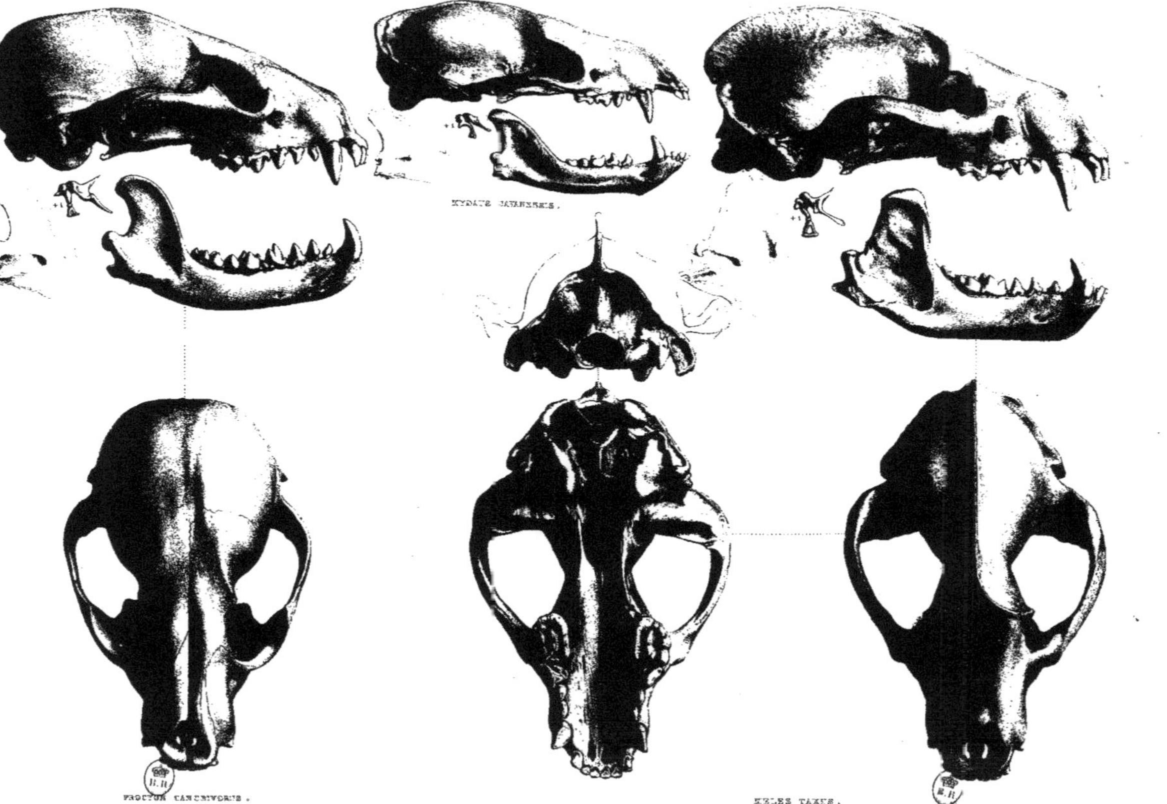

PROCYON CANCRIVORUS. MYDAUS JAVANENSIS. MELES TAXUS.

Werner, del. Lith. de Becquet.

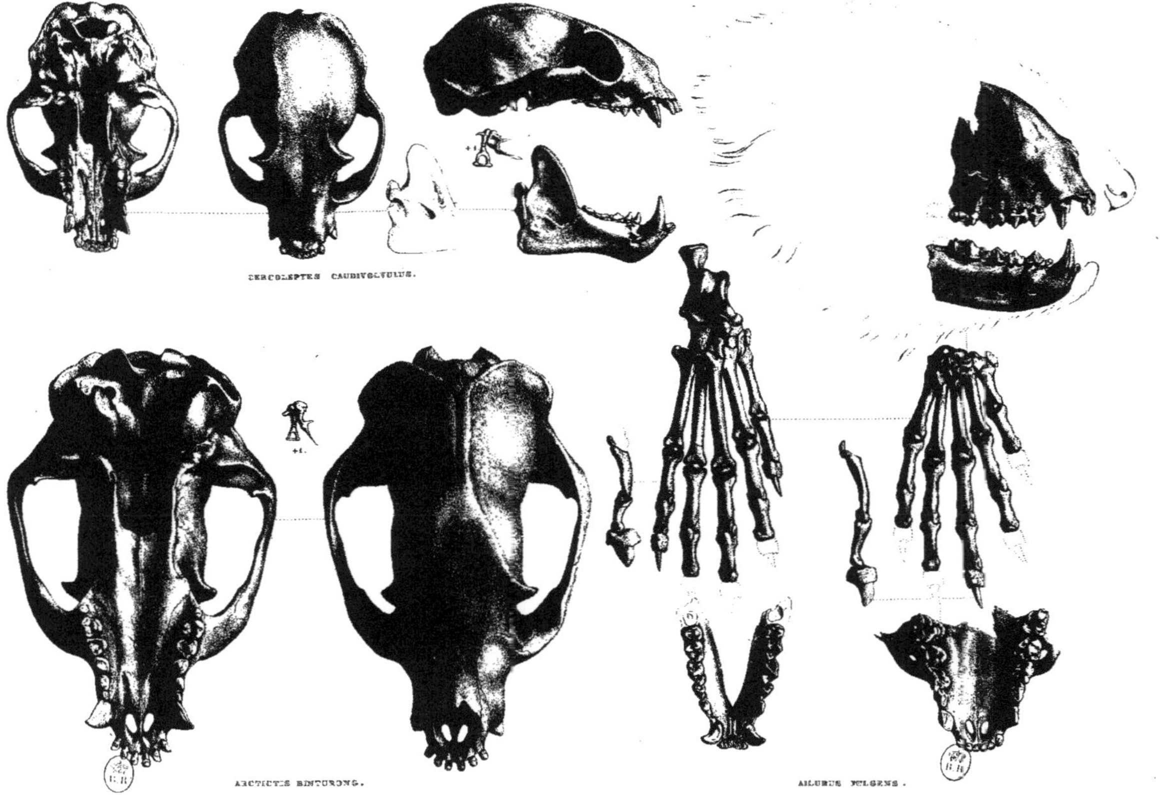

CERCOLEPTES CAUDIVOLVULUS.

ARCTICTIS BINTURONG.

AILURUS FULGENS.

Werner del. Lith. de Becquet.

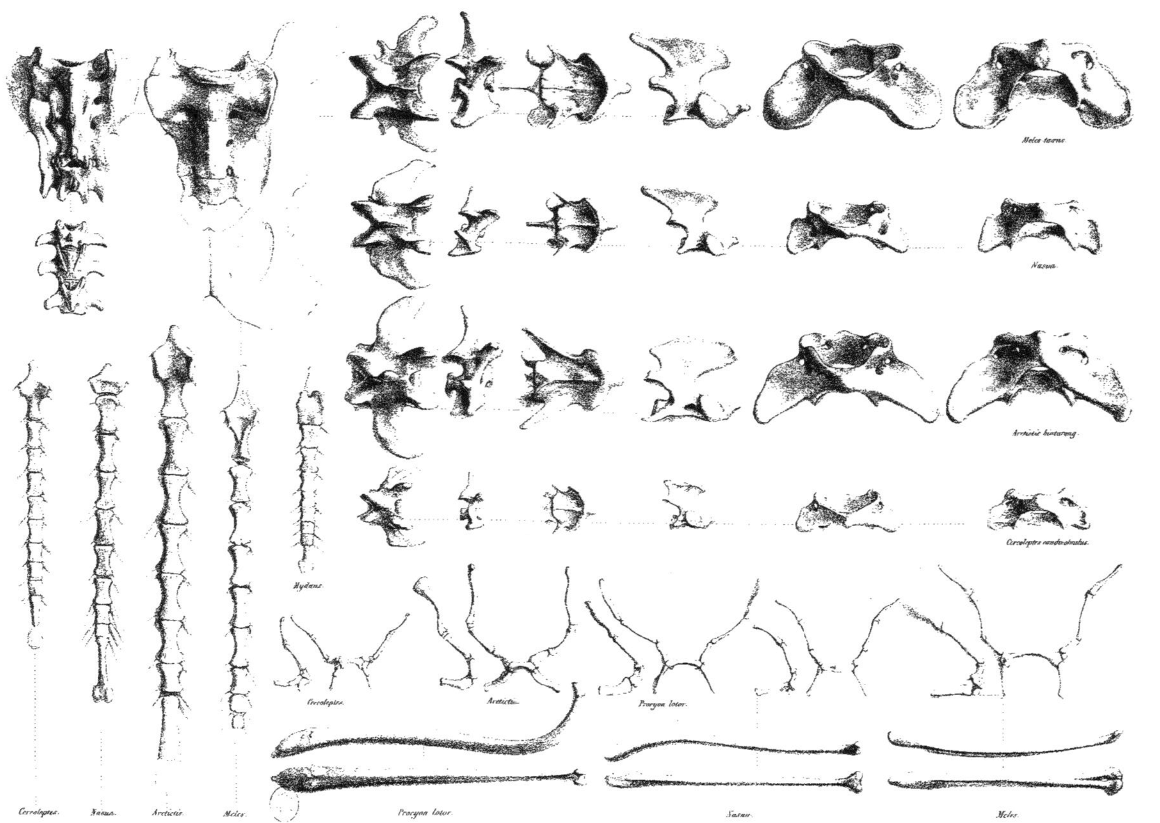

PARTIES CARACTÉRISTIQUES DU TRONC.

Lith. de Becquet.

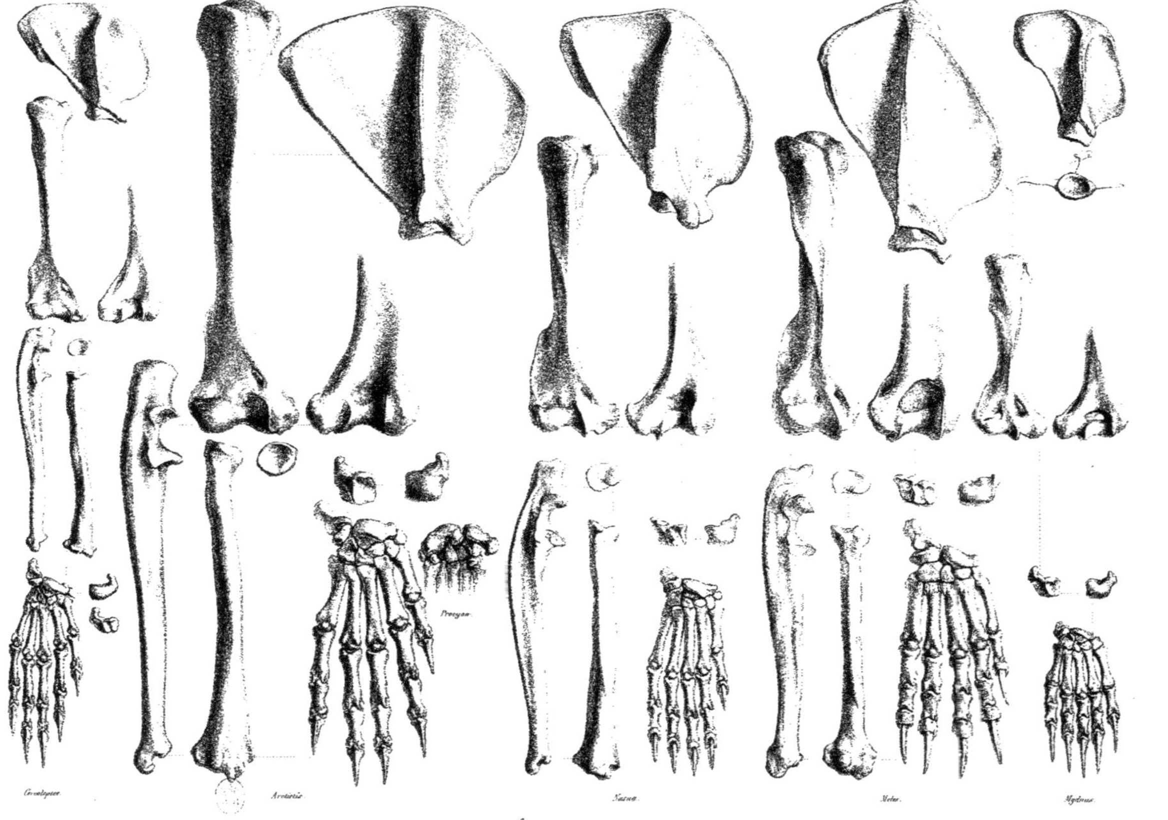

PARTIES CARACTÉRISTIQUES DES MEMBRES.
(Antérieurs.)

Werner del. Lith. de Becquet

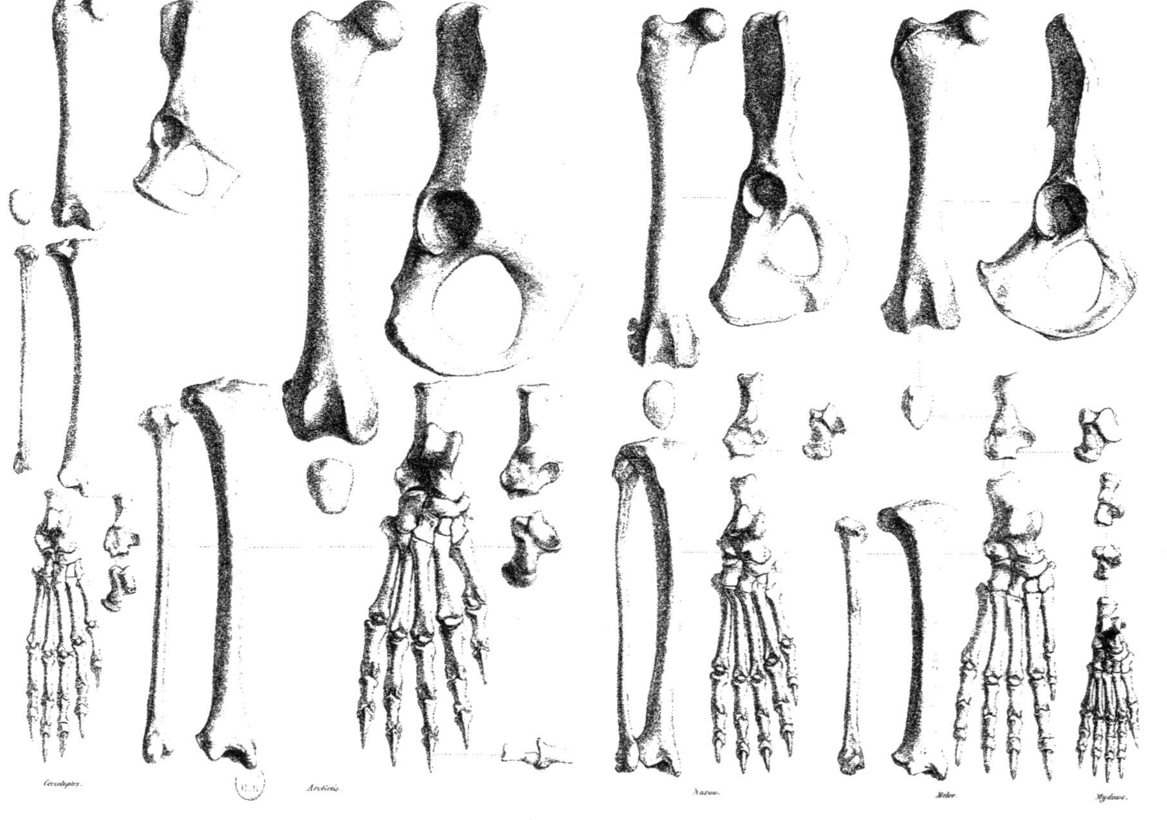

PARTIES CARACTÉRISTIQUES DES MEMBRES.
(Postérieurs)

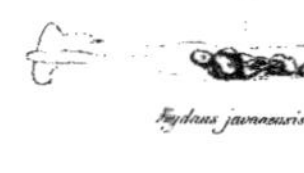

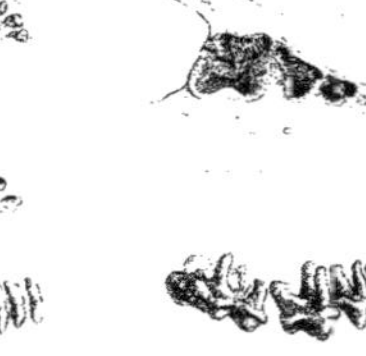

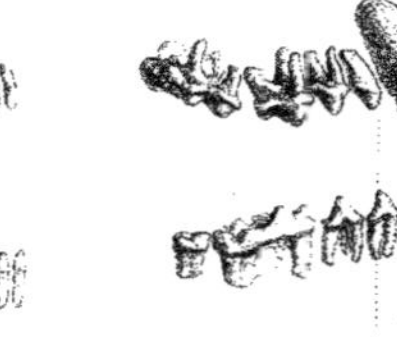

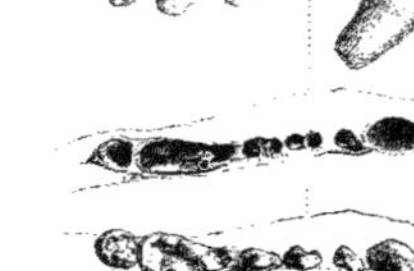

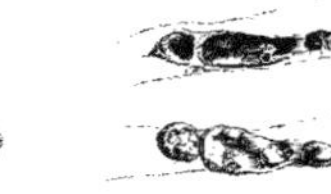

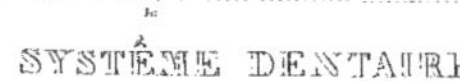

PETITS OURS; SYSTÈME DENTAIRE.

Werner, del. Lith. de Becquet

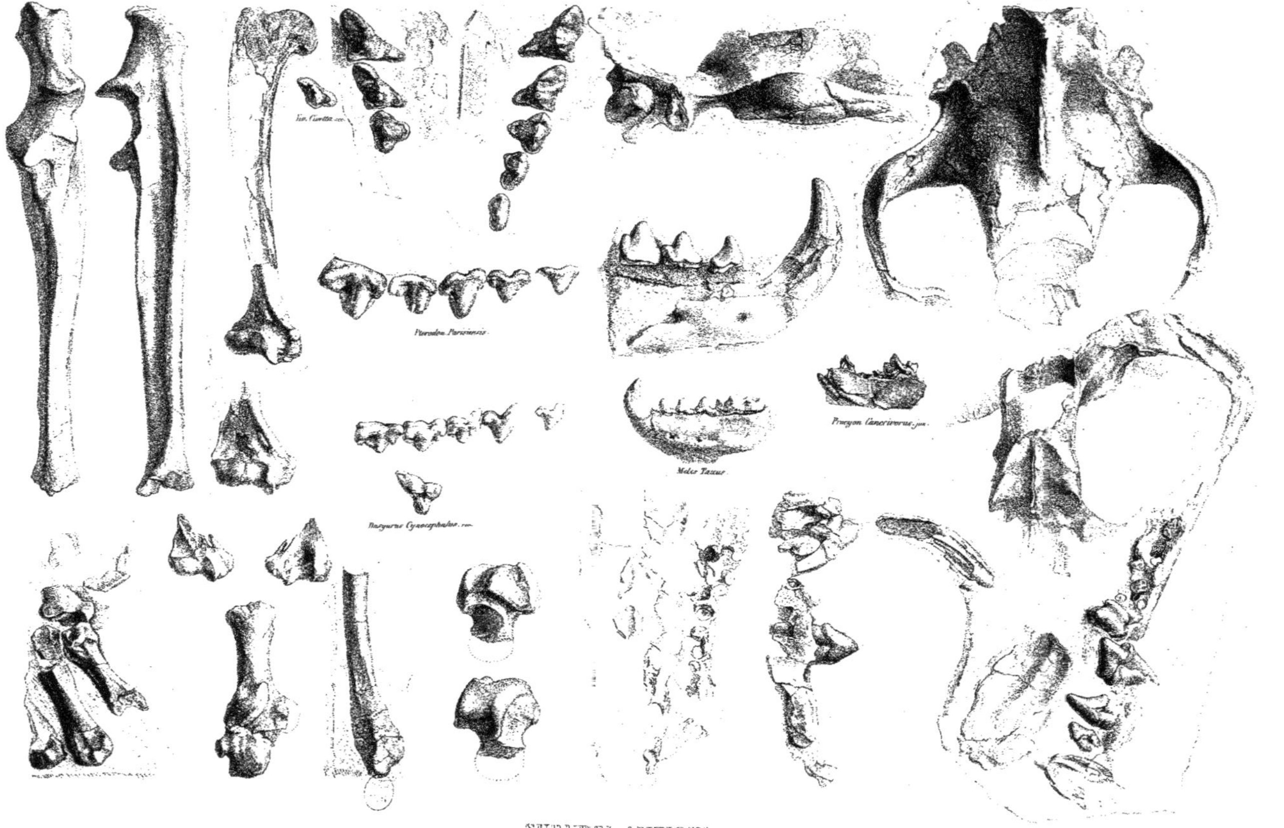

SUBURSI ANTIQUI.
(Taxotherium Parisiense)

Werner del.

Lith. de Bocquet.

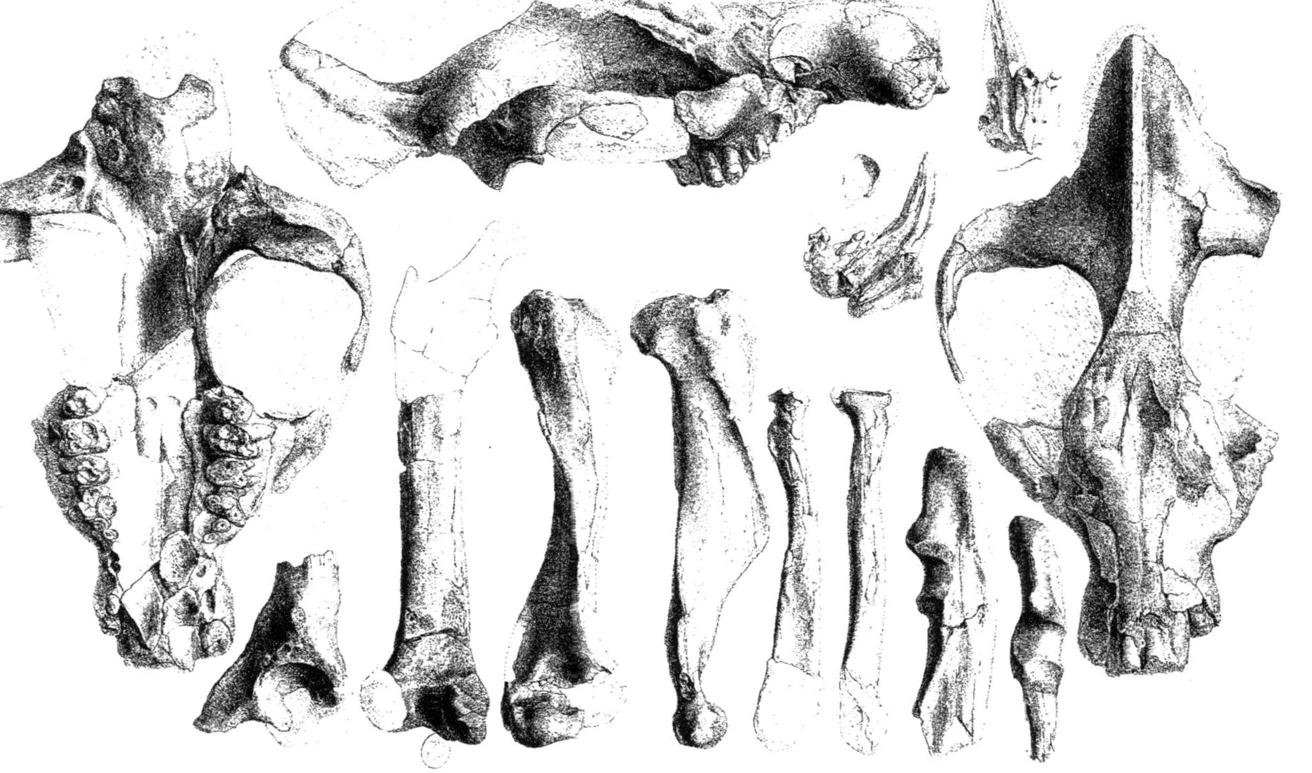

SUBURSI ANTIQUI.
(Palæocyon primævus)

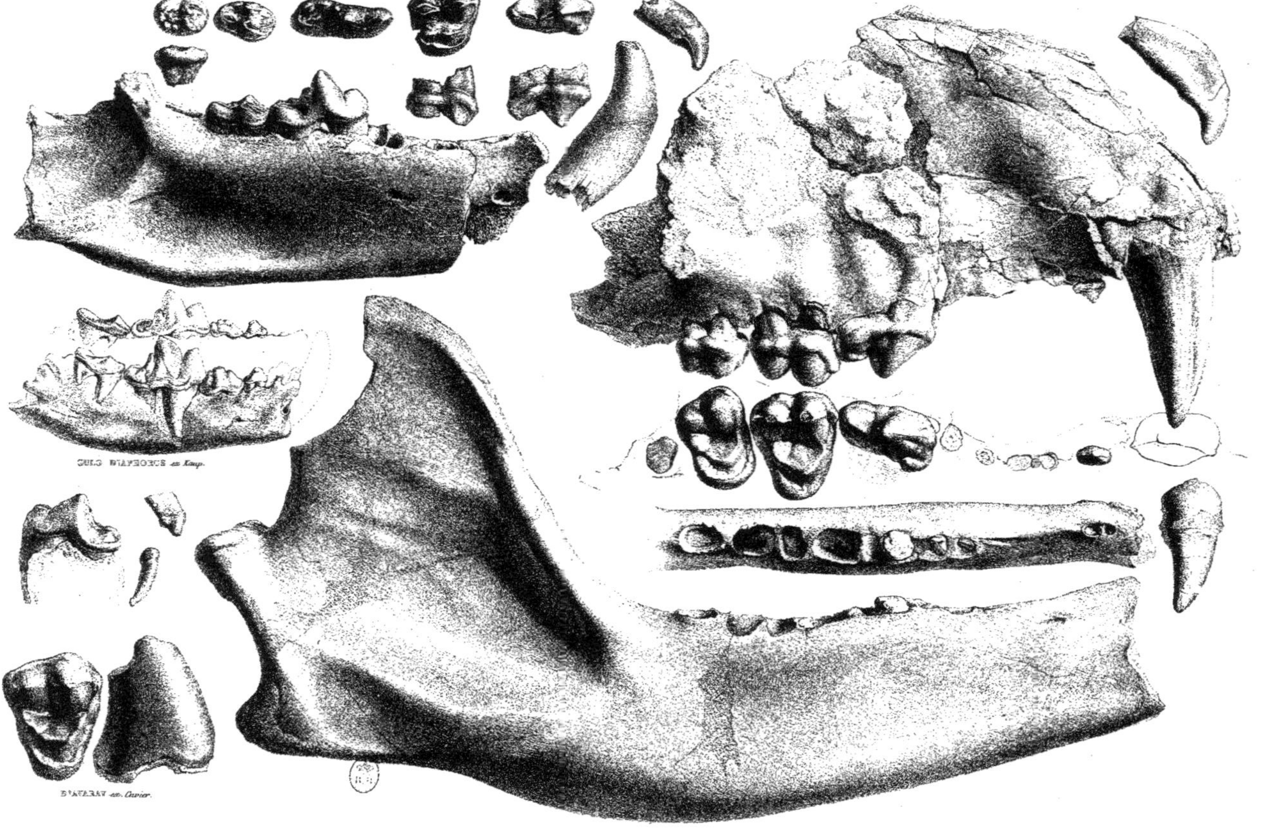

SUBURSI ANTIQUI.
(Amphicyon major.)

Lith. de Becquet.

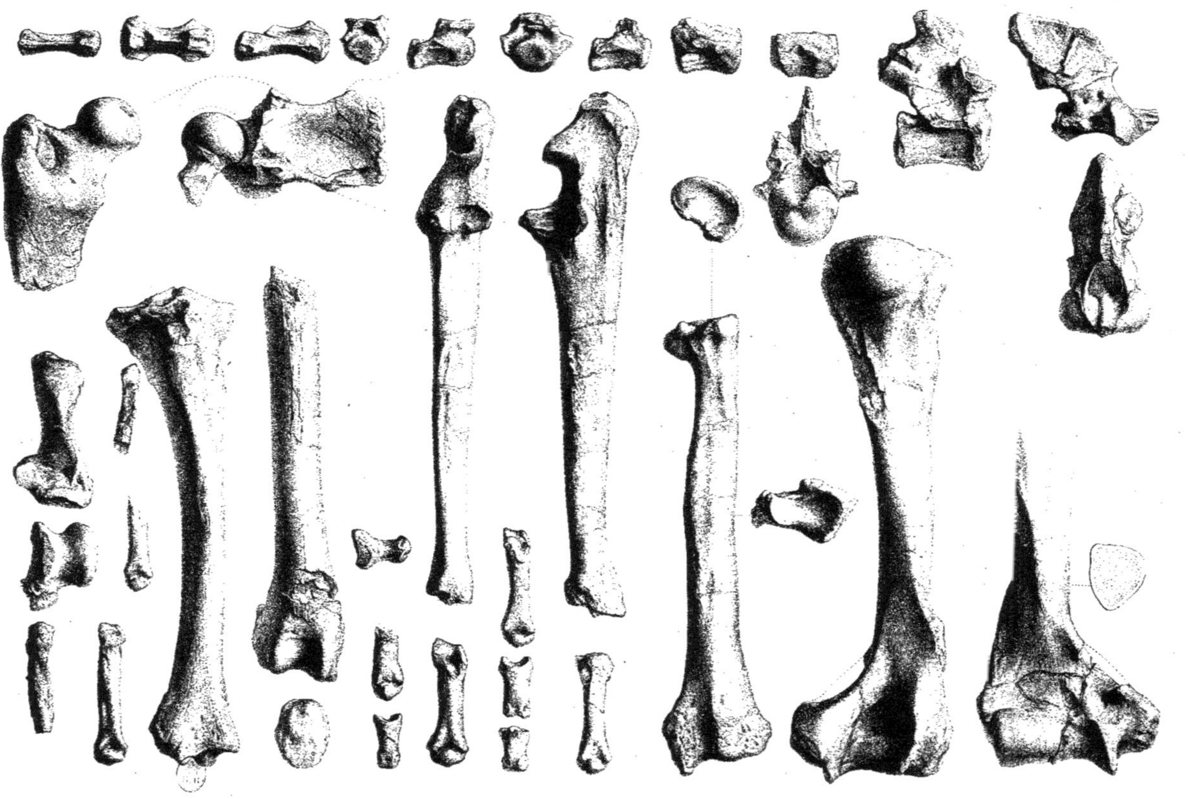

SUBURSI ANTIQUI.

(Amphicyon major) ¼

Werner del.

Lith. de Becquet.

DE MEUDON.

DE DIGOING.

DE SANSANS Près d'Auch.

D'AUVERGNE.

SUBURSI ANTIQUI.

(Amphicyon? minor.)

Lith. de Becquet.

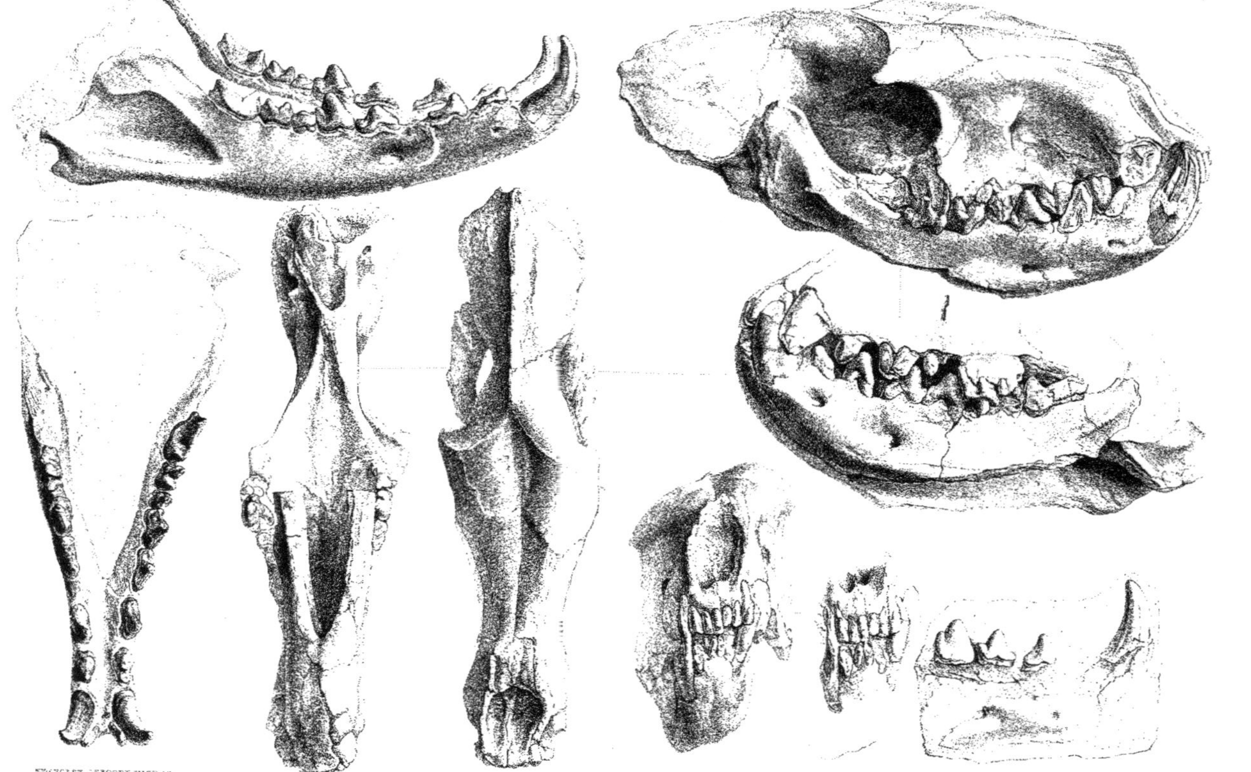

SUBURSI ANTIQUI.

(Hyænodon brachyrhynchus)

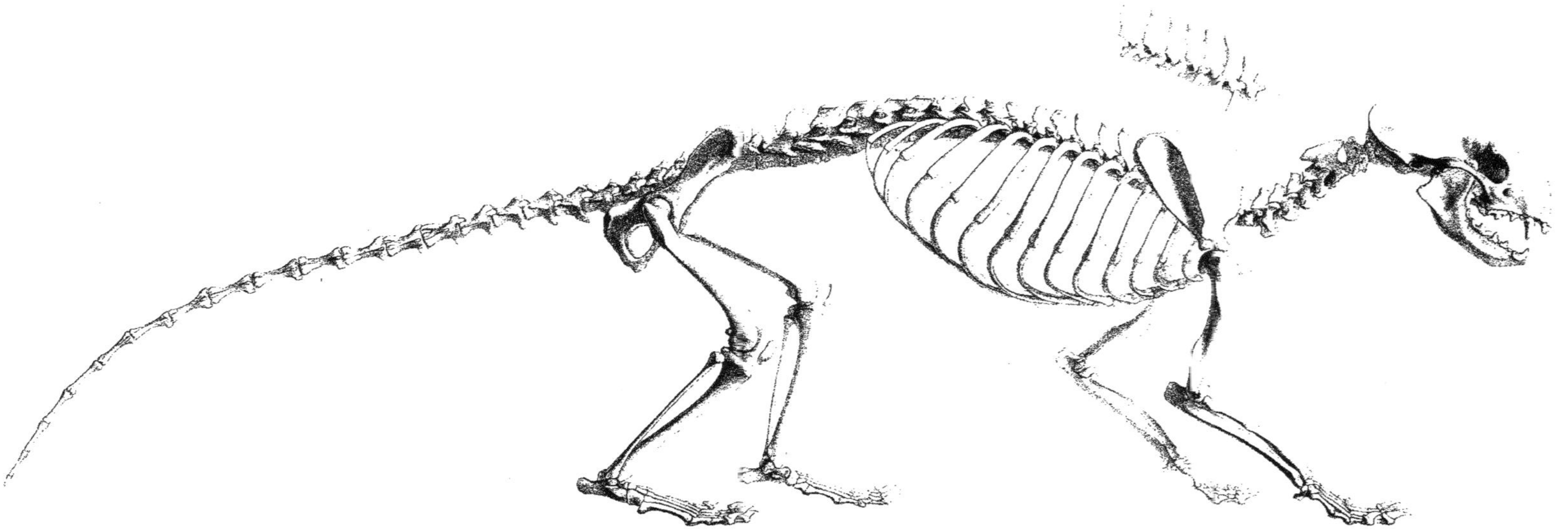

MOUFETTE.

(Mephitis chinga.)

Werner del.

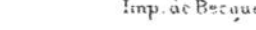

Imp. de Becquet

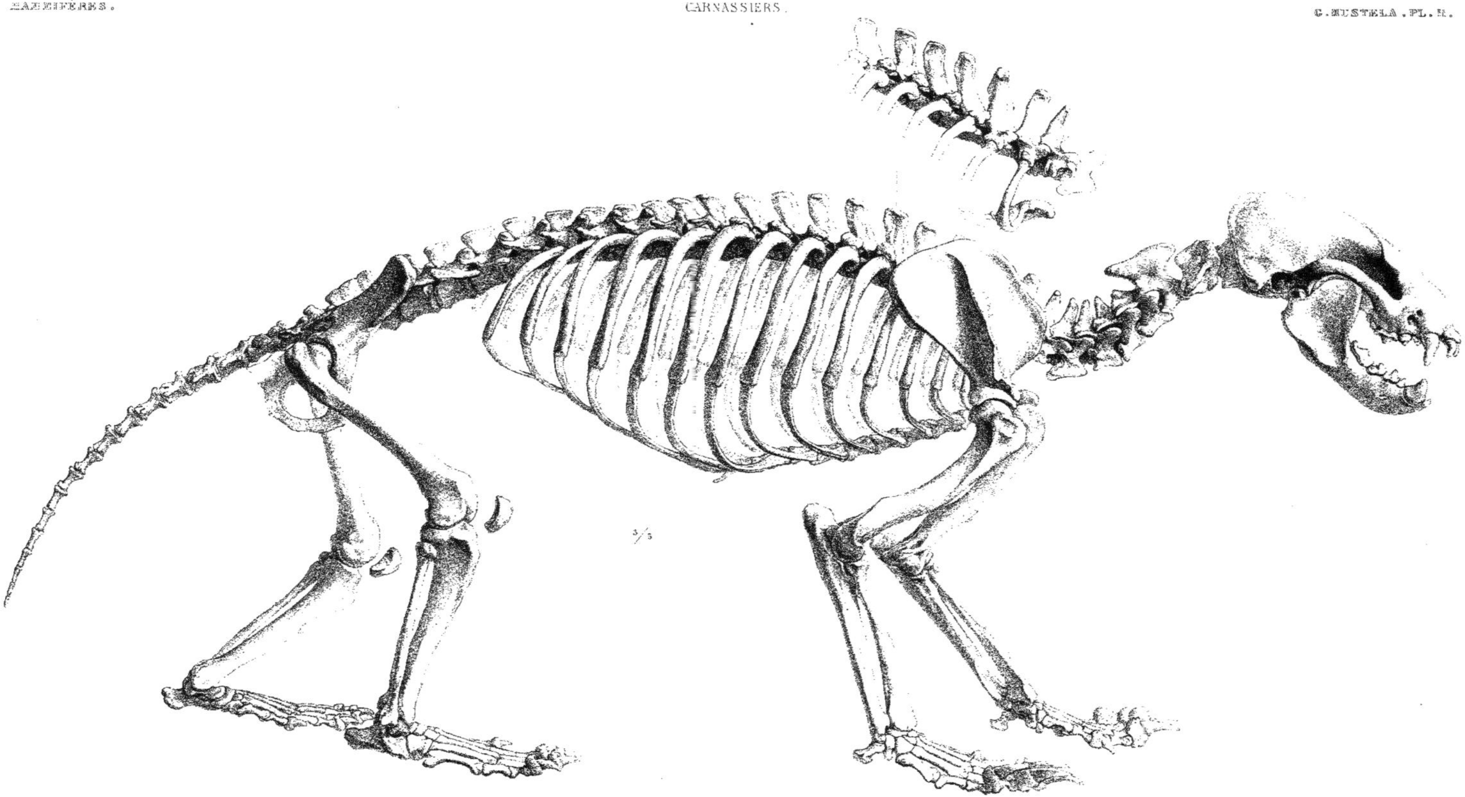

3/5

RATEL DU CAP.

(Mellivora capensis.)

Imp. de Becquet.

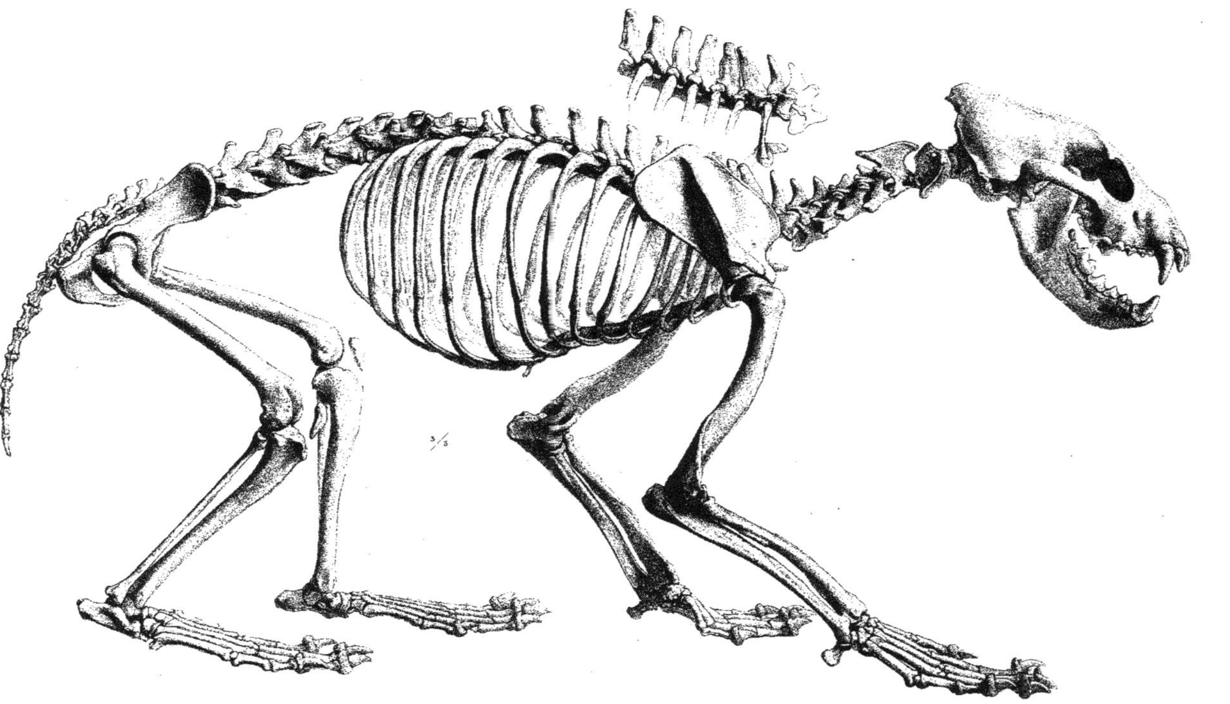

GLOUTON.
(Gulo luscus.)

Werner del.

Imp. de Becquet.

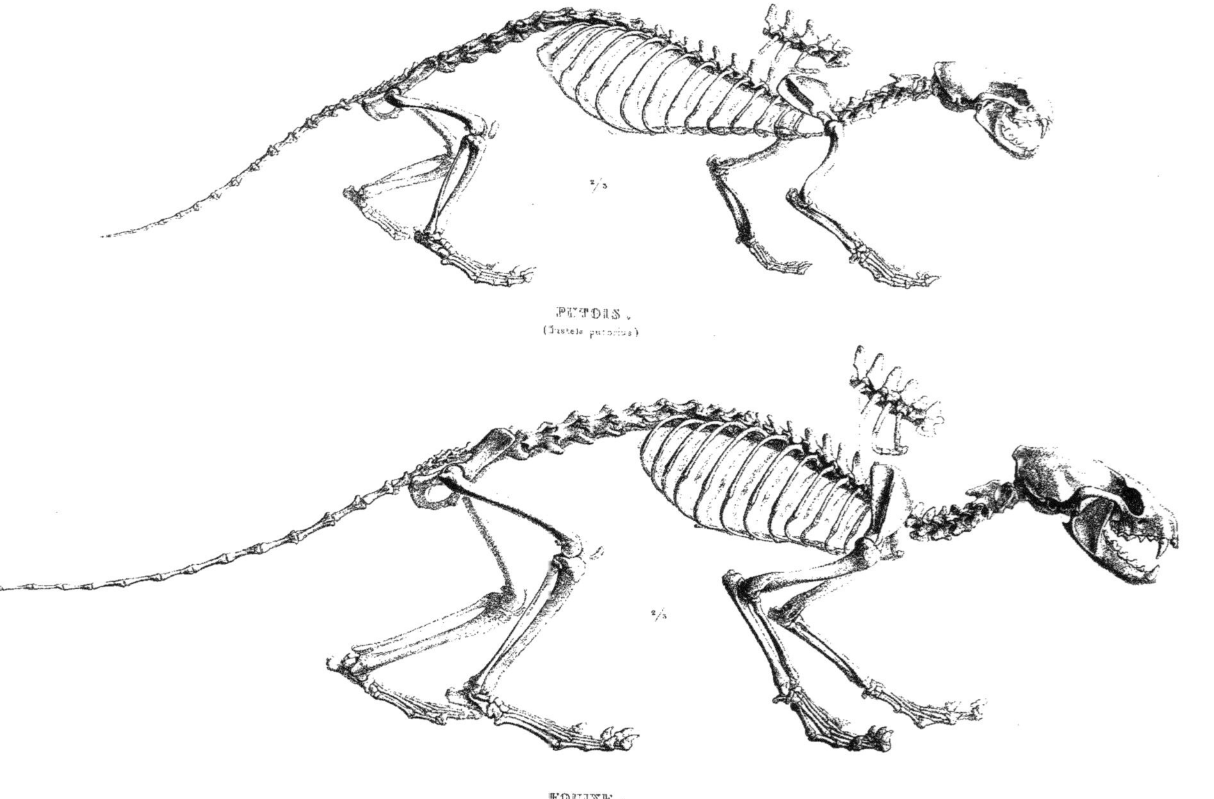

PUTOIS.
(Mustela putorius)

FOUINE.
(Mustela foina.)

Werner del.

Imp. de Becquet

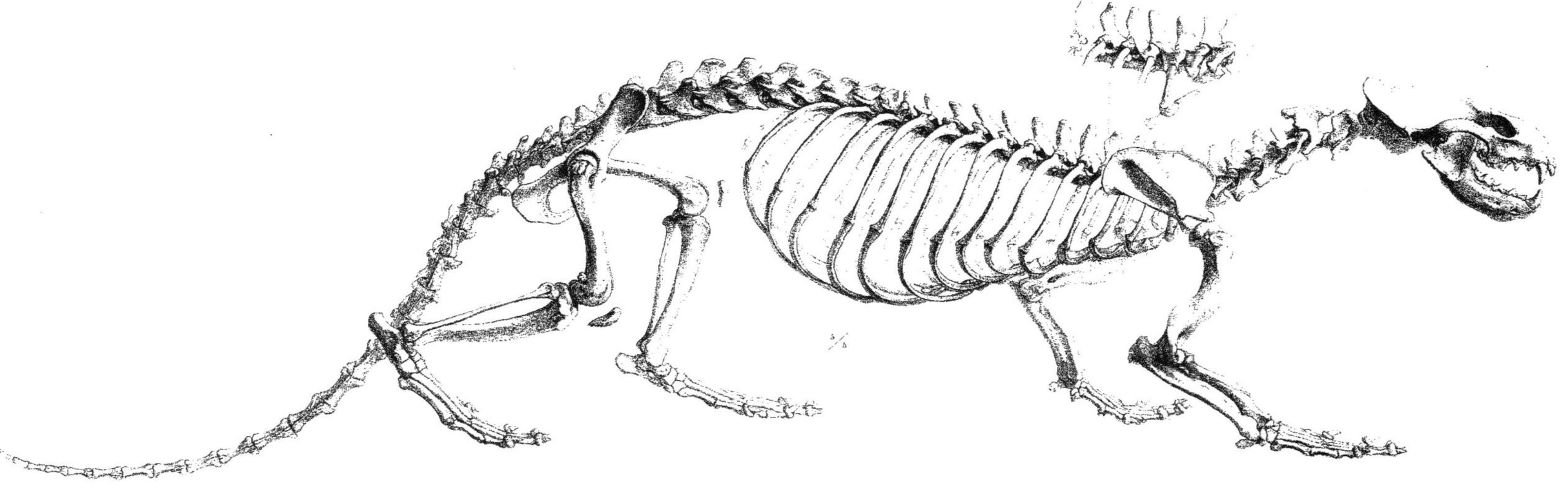

LOUTRE, *mâle.*
(Lutra vulgaris.)

Imp. de Bêquet.

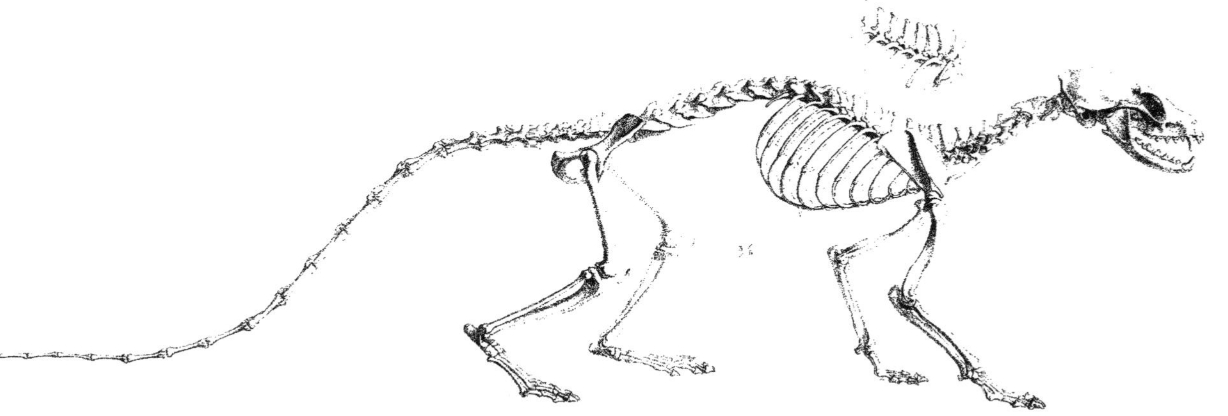

BASSARIS *mâle.*
(B. Astuta.)

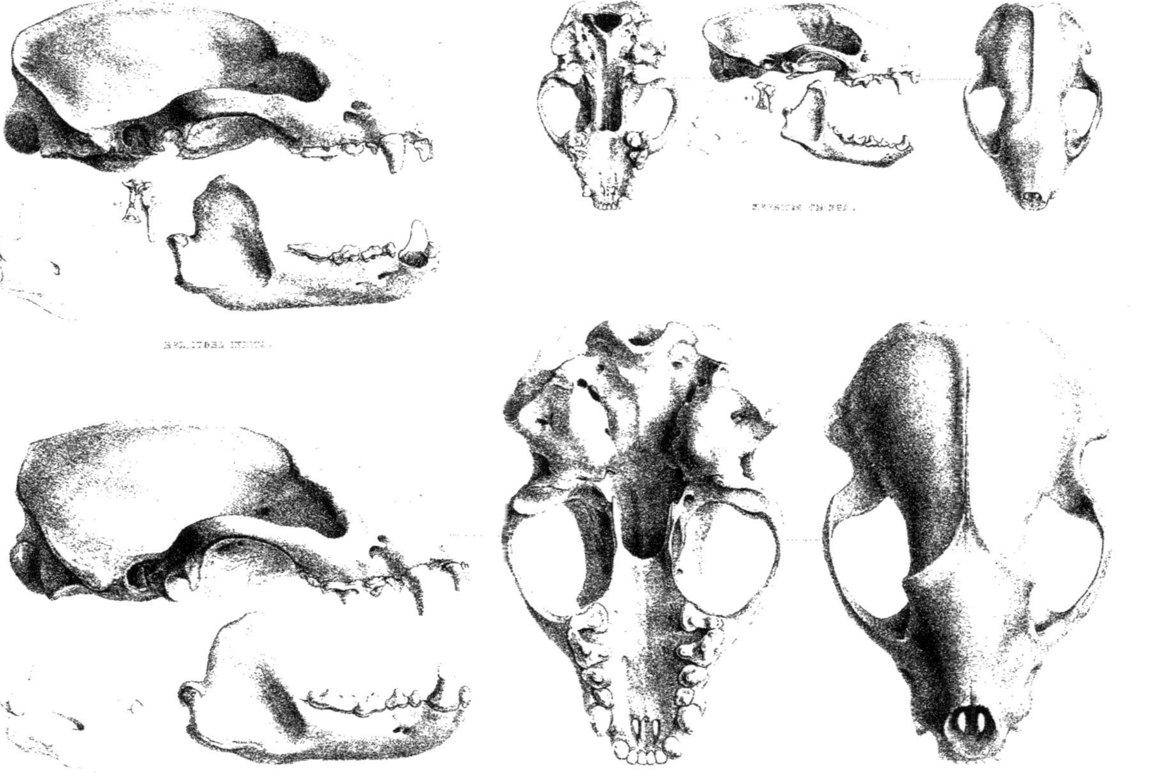

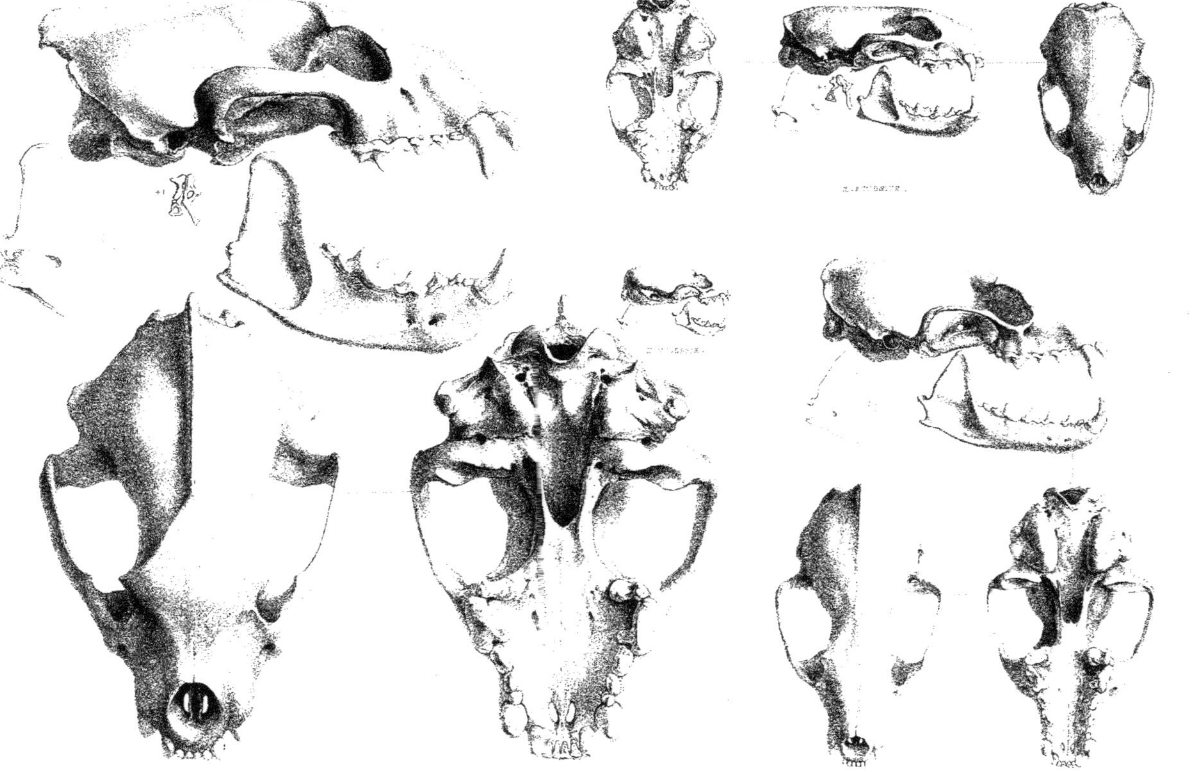

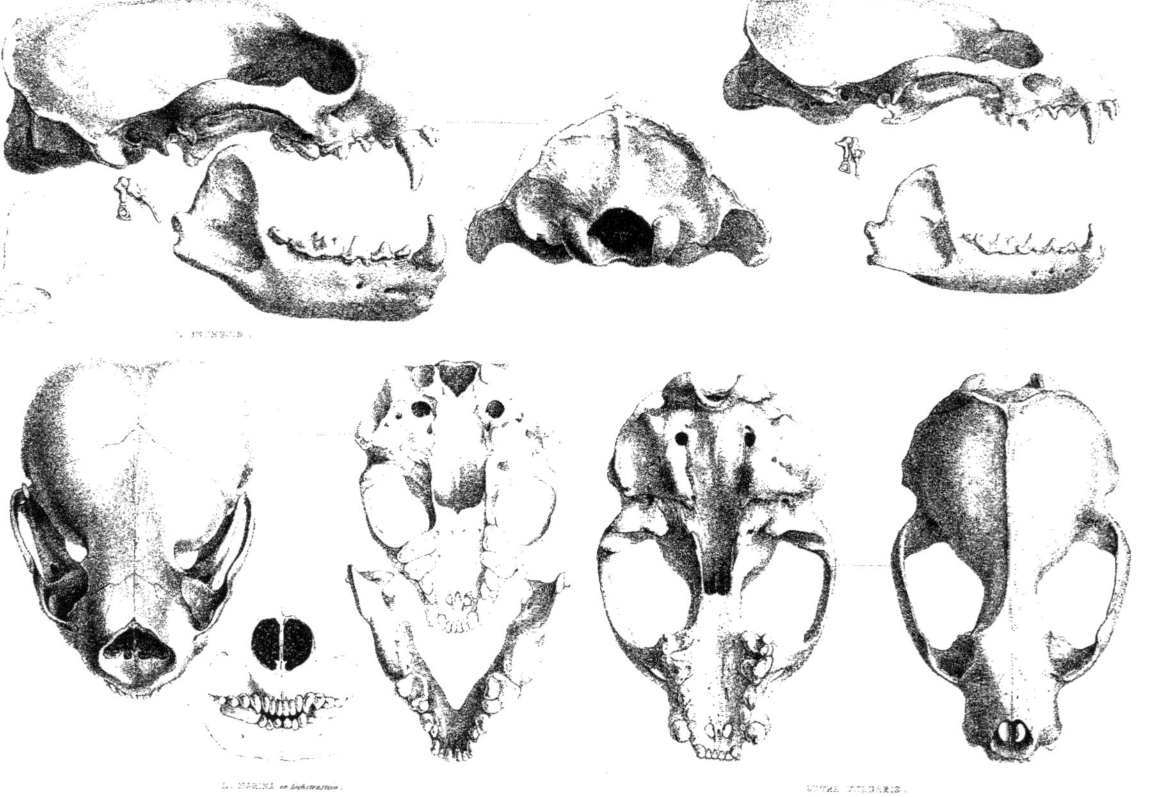

L. INUNGUIS.

L. MARINA ex Lichtenstein.

LUTRA VULGARIS.

PARTIES CARACTÉRISTIQUES DU TRONC.

(Série vertébrale.)

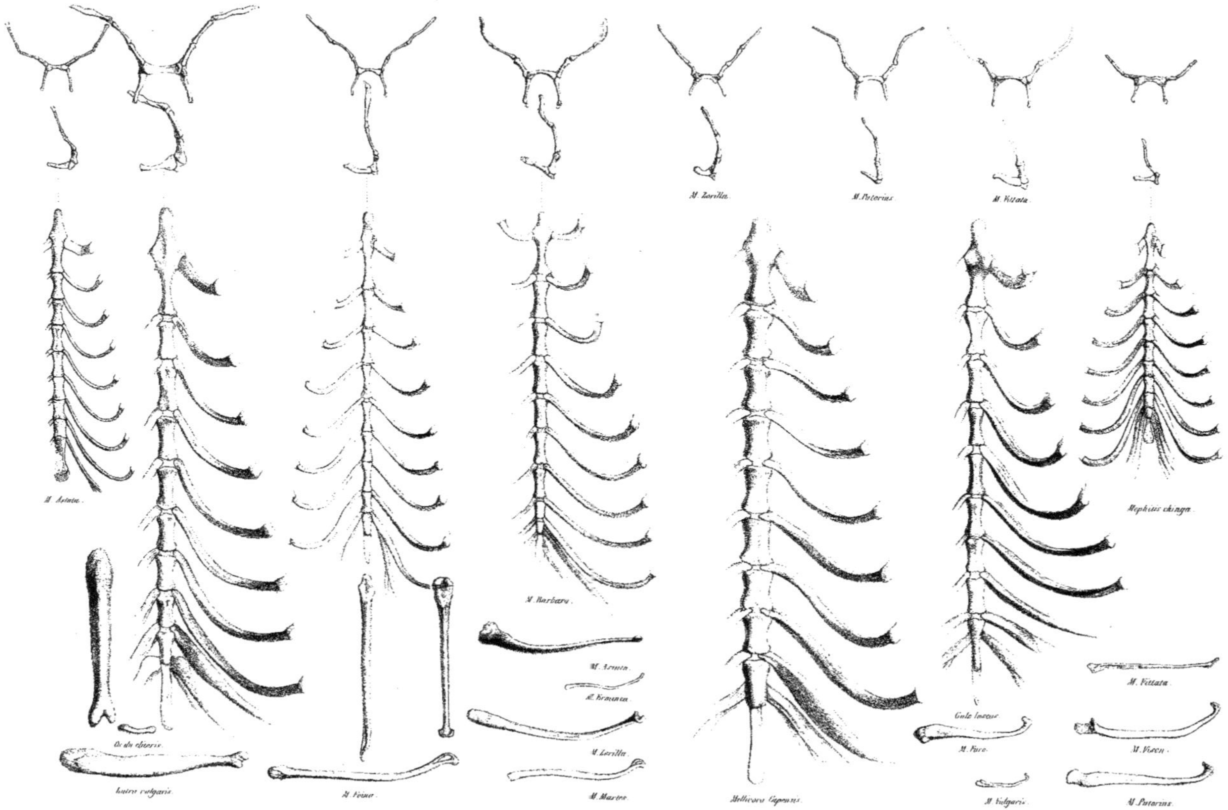

M. Zorilla. M. Putorius. M. Vittata.

M. Astuta. Mephitis chinga.

M. Barbara.

M. Armata. M. Erminea. M. Zorilla.

Gulo luscus. M. Vittata.

Os du clitoris. M. Furo. M. Visen.

Lutra vulgaris. M. Foina. M. Martes. Mellivora Capensis. M. Vulgaris. M. Putorius.

PARTIES CARACTÉRISTIQUES DU TRONC.

(Série sternale)

Werner del. Imp. de Becquet.

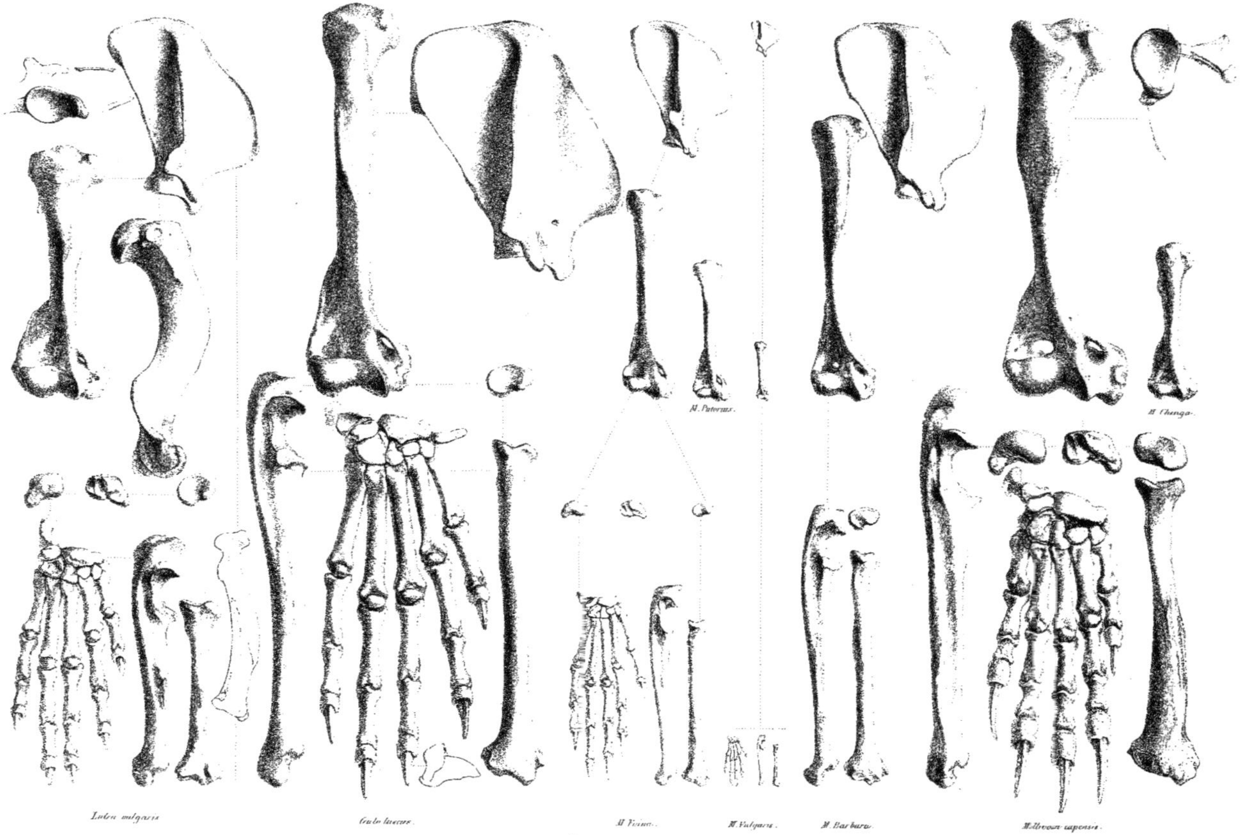

M. Putorius.

M. Chinga.

Lutra vulgaris. *Gulo luscus.* *M. Foina.* *M. Vulgaris.* *M. Barbara.* *Mellivora capensis.*

PARTIES CARACTÉRISTIQUES DES MEMBRES

(Antérieurs)

del.

Imp. de Becquet.

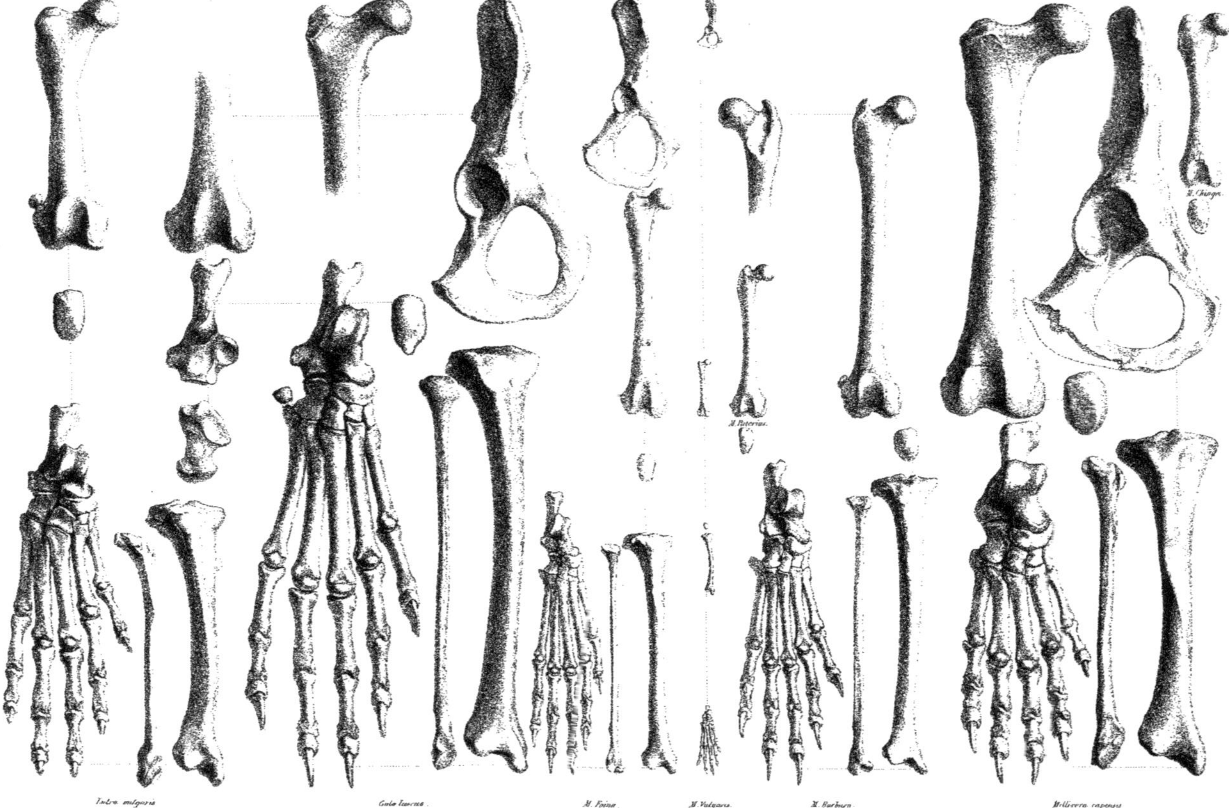

PARTIES CARACTÉRISTIQUES DES MEMBRES
(Postérieurs.)

M. Capensis. M. Zibelina. M. Indica. M. Capensis. M. Chinga.

M. Frina. M. Patagonica.

Lutra vulgaris. M. Canadensis. M. Lybica. M. Zorilla. M. Peronnii. M. Humboltii.

Gulo Orientalis.

L. Vulgaris. M. Kron. M. Vittata.

Bassaris Astuta. M. Nudipes. M. Barbara.

M. Barbara. Gulo luscus. M. Barbara.

Lutra vulgaris. M. Bocca-mela.

M. Zorilla Cap. M. Vulgaris. M. Putorius.

M. Vison. Lutra enhydris.

Non adultes. Adultes.

SYSTÈME DENTAIRE.

Imp. de Becquet

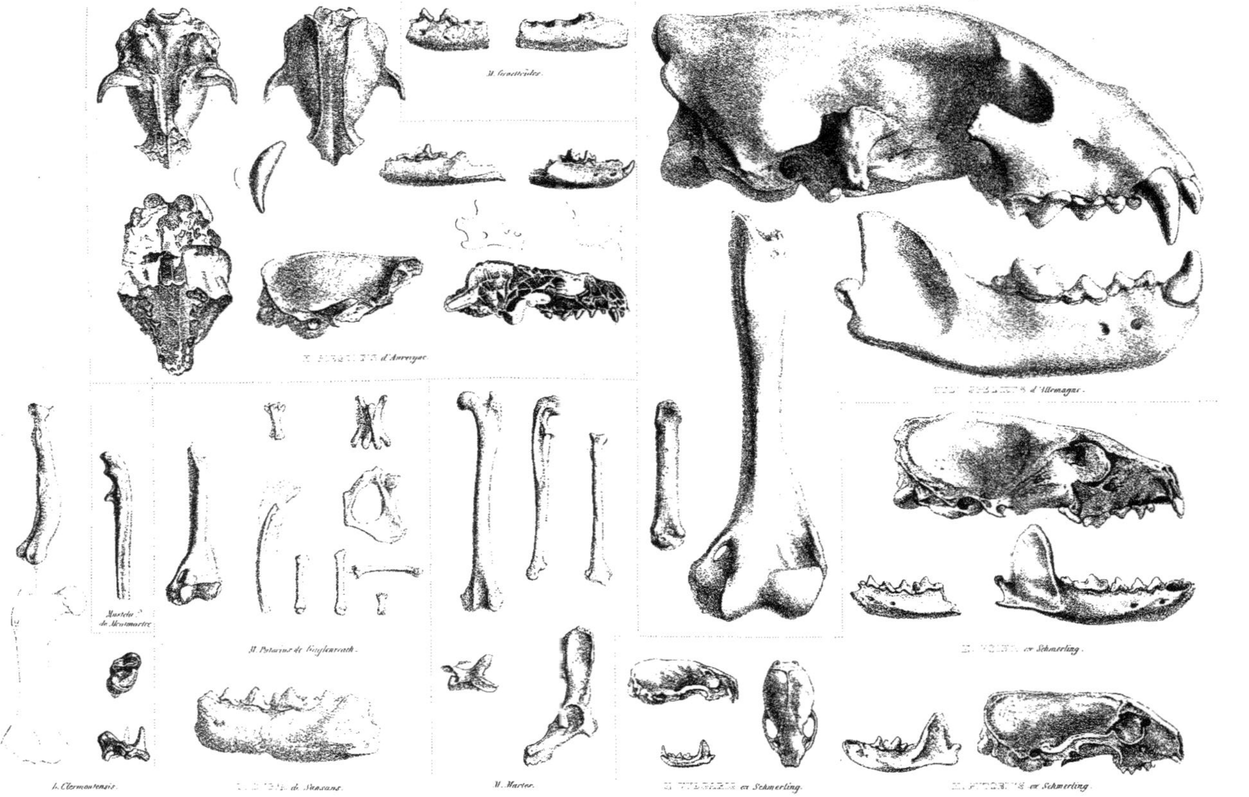
M. Genettoïdes
d'Auvergne
d'Allemagne
Mustela ? de Montmartre
M. Putorius de Gaylenreuth
ex Schmerling
L. Clermontensis
de Sansans
M. Martes
ex Schmerling
ex Schmerling

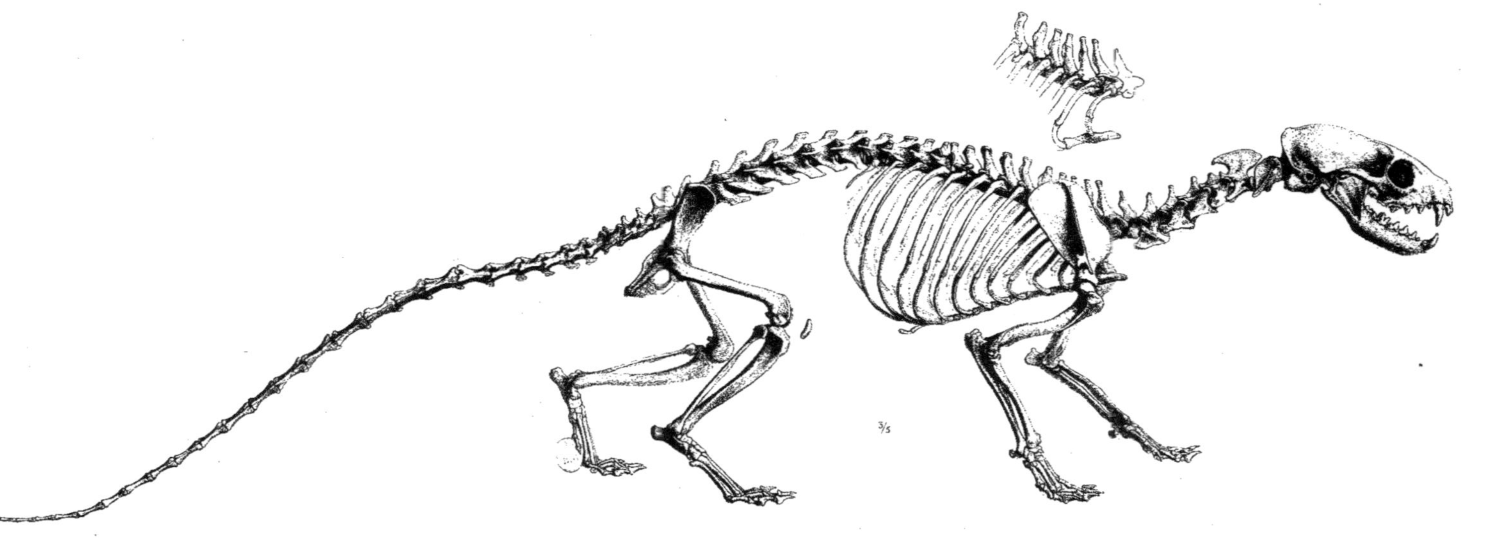

MANGUSTA ICHNEUMON, femelle.

Werner, del. Imp. de Becquet.

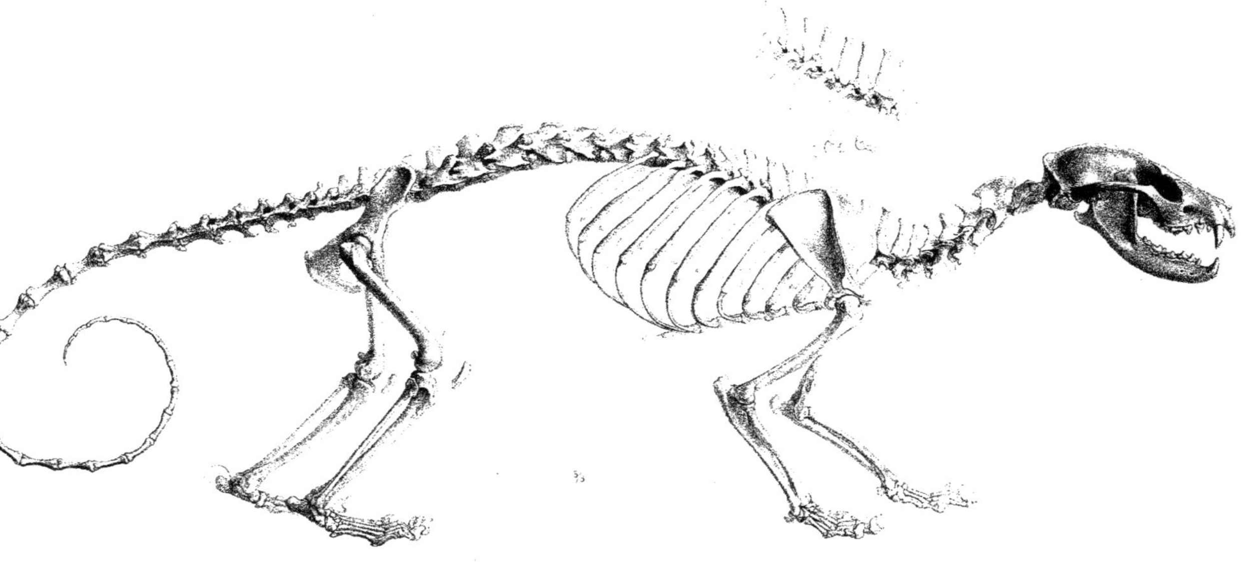

PARADOXURUS TYPUS *mâle*.

Werner del. Imp. de Becquet.

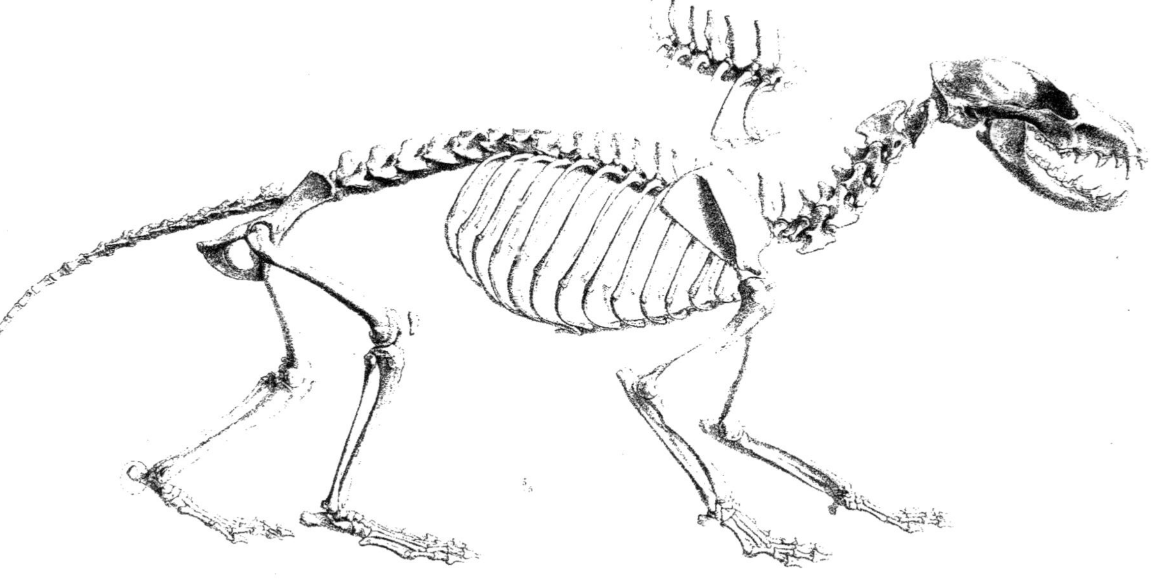

CYNOGALE BENNETTII *mâle*.

Werner del. Imp. de Becquet.

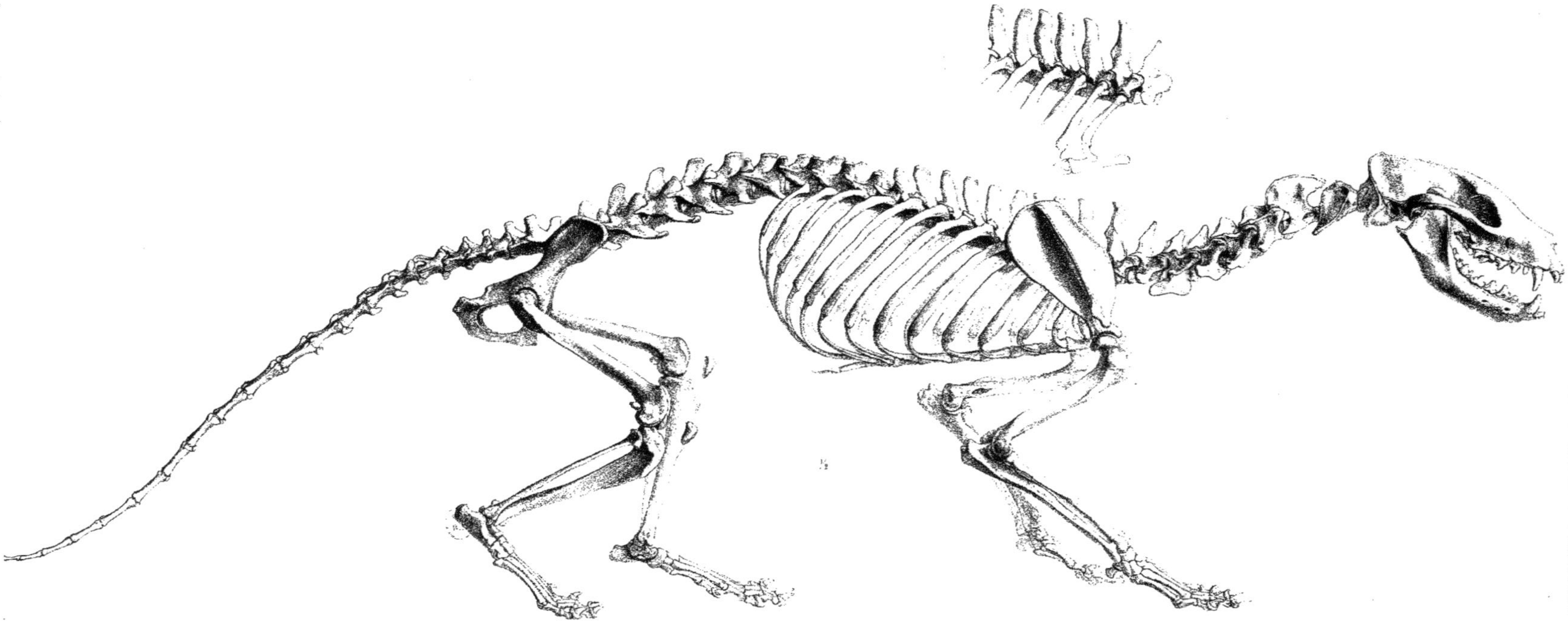

½

VIVERRA CIVETTA, femelle.

Werner, del. Imp. de Becquet

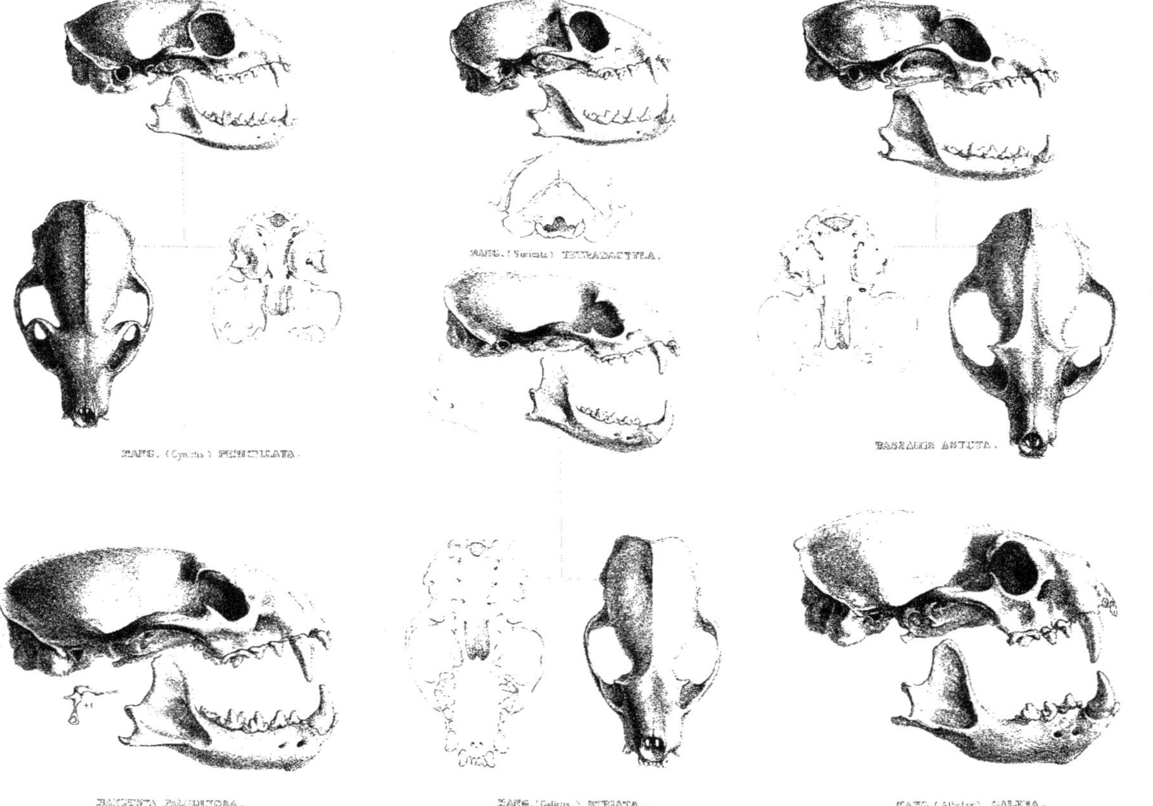

MANG. (Cynictis) PENICILLATA.

MANG. (Suricata) TETRADACTYLA.

BASSARIS ASTUTA.

MANGUSTA PALUDINOSA.

MANG. (Galictis) STRIATA.

MANG. (Athylax) GALERA.

Werner, del.

Imp. de Becquet.

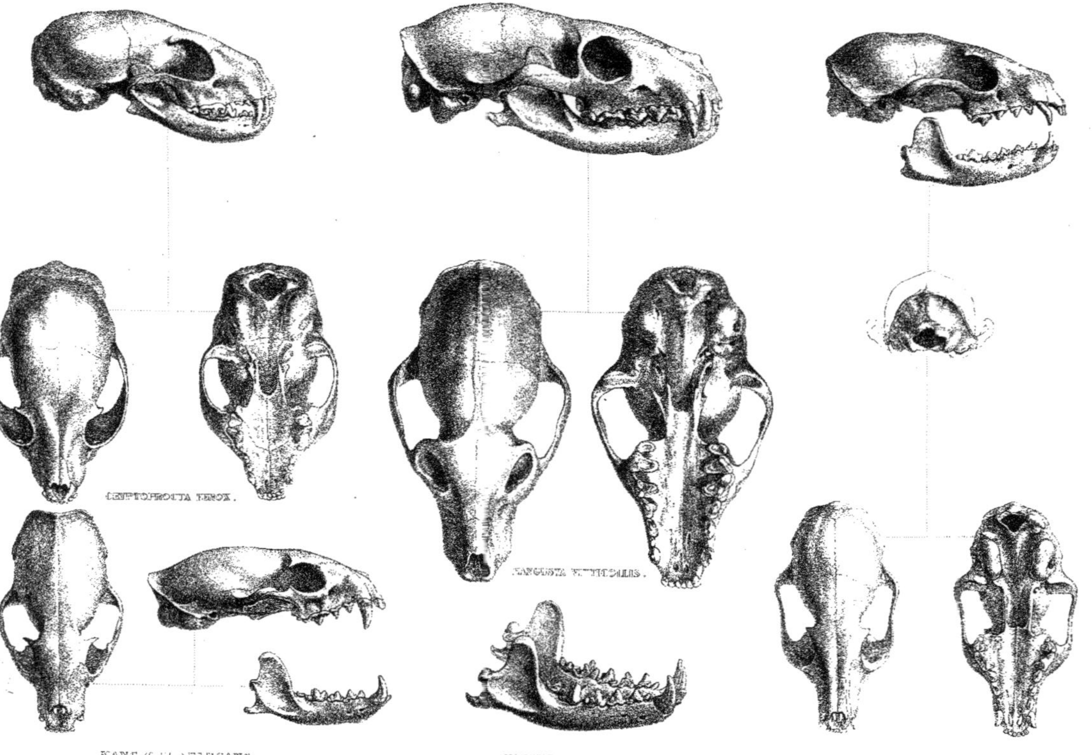

Schaffer et Werner del. Imp. de Becquet.

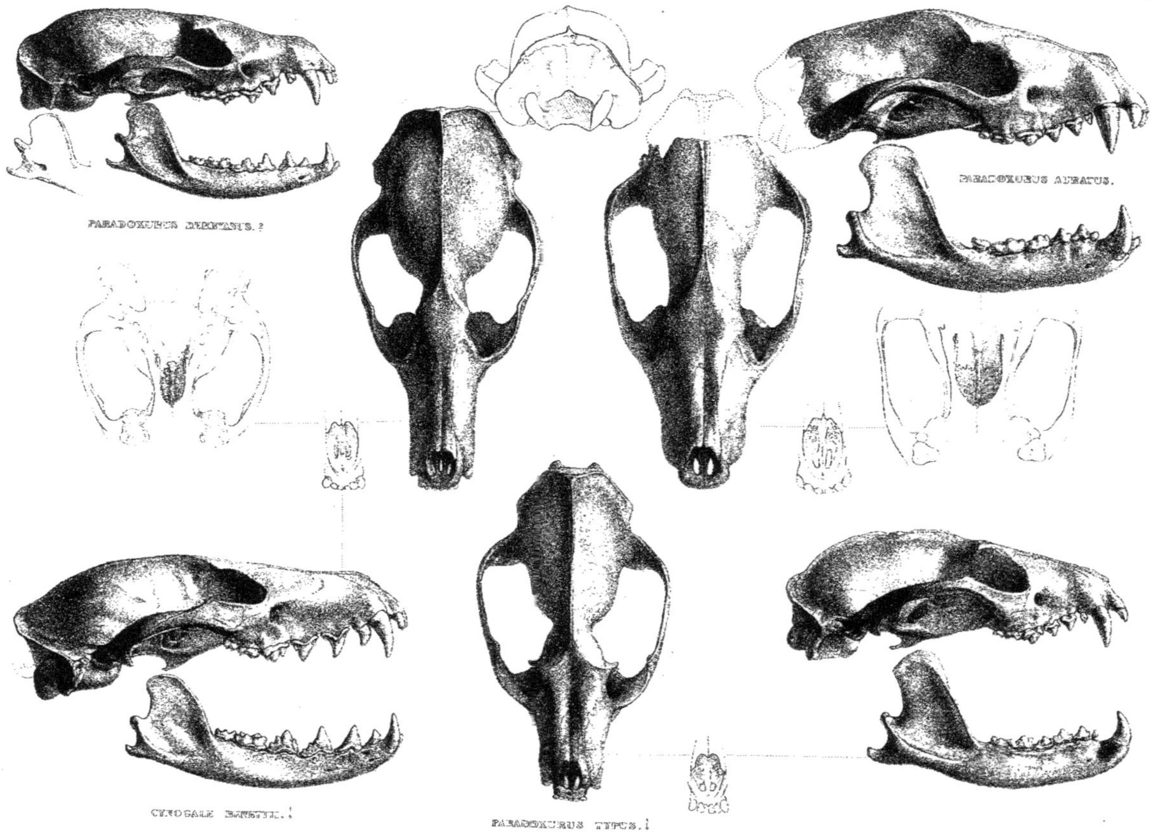

MAMMIFÈRES.

CARNASSIERS.

G. VIVERRA. Pl. VIII.

PARADOXURUS AURATUS.

PARADOXURUS DERBYANUS. ?

CYNOGALE BENNETTII. !

PARADOXURUS TYPUS. !

Werner del.

Lith. de Becquet.

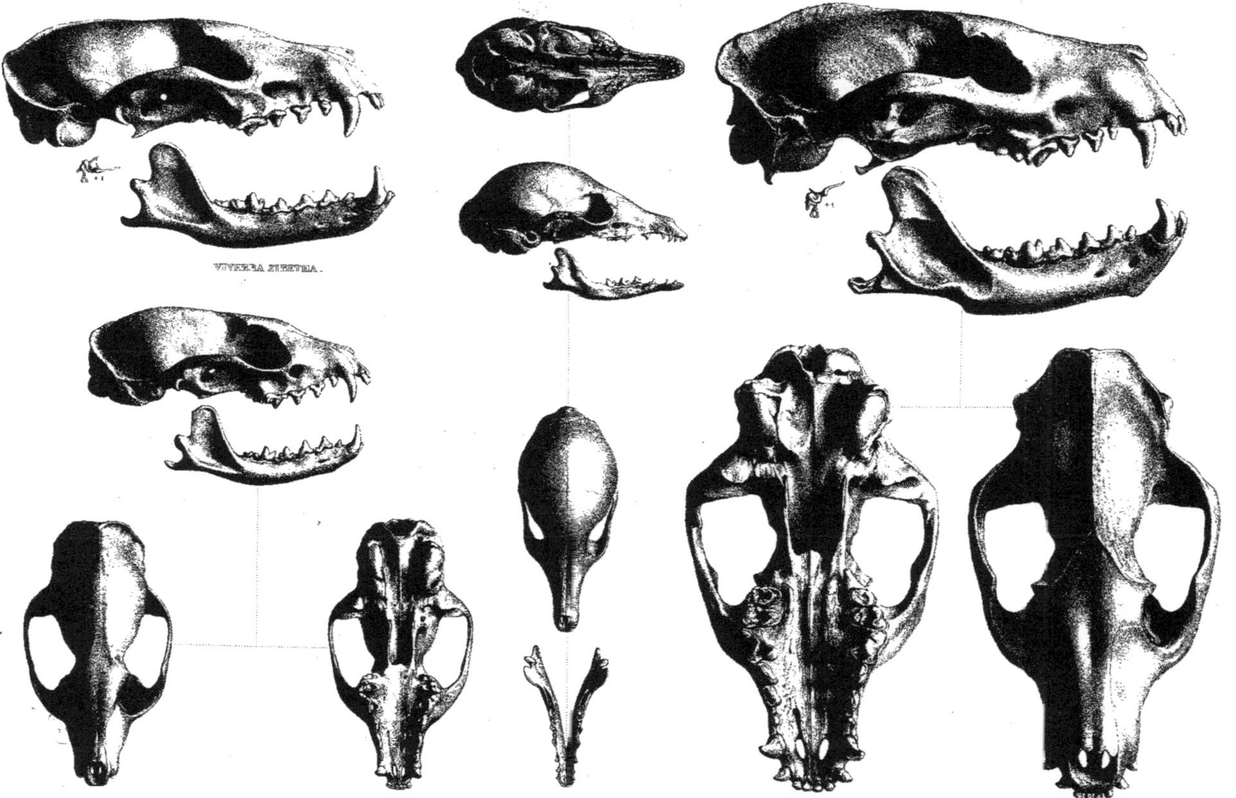

Werner del.

Imp. de Becquet.

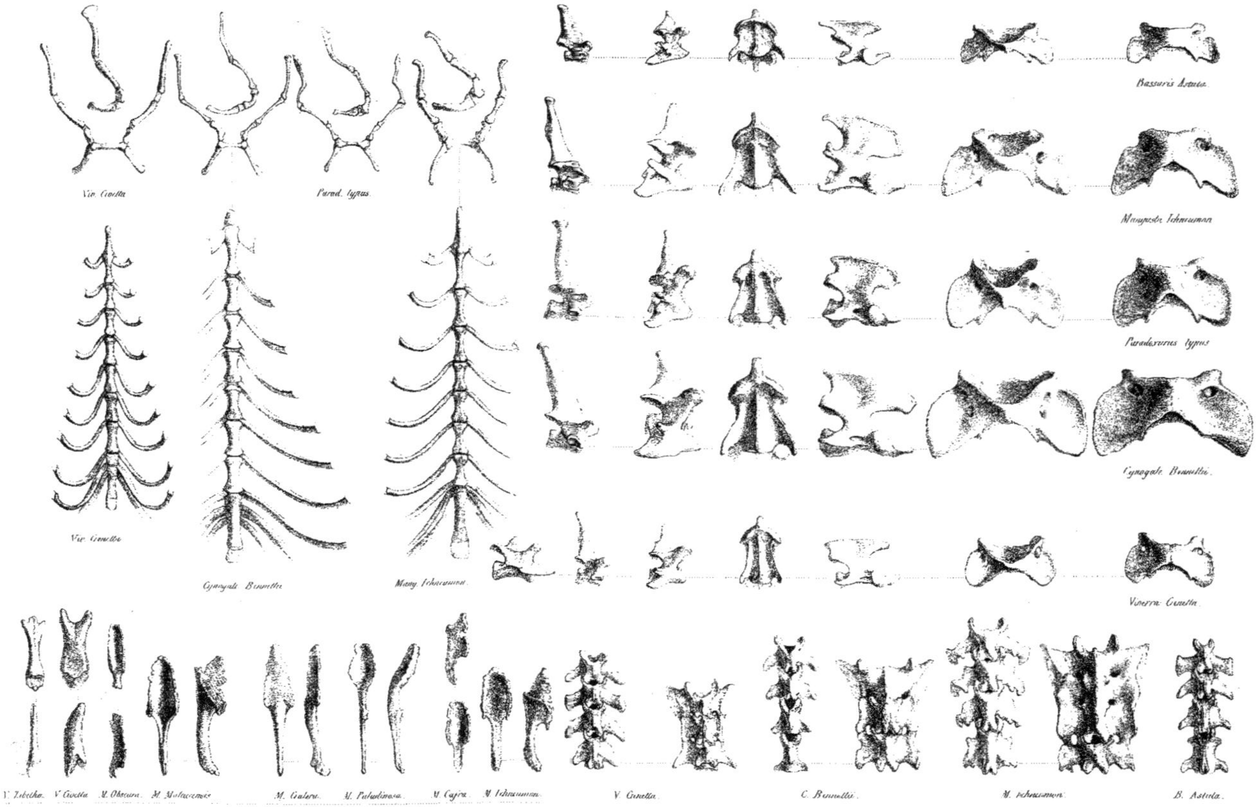

Vir. Civetta — Parad. typus.

Bassaris Astuta.

Mangouste Ichneumon.

Paradoxurus typus.

Cynogale Bennettii.

Vir. Genetta. — Cynogale Bennettii. — Mang. Ichneumon.

Viverra Genetta.

V. Zibetha. V. Civetta. M. Obscura. M. Malaccensis. M. Galera. M. Paludinosa. M. Cafra. M. Ichneumon. V. Genetta. C. Bennettii. M. Ichneumon. B. Astuta.

PARTIES CARACTÉRISTIQUES DU TRONC.

Werner, del. — Imp. de Becquet.

PARTIES CARACTÉRISTIQUES DES MEMBRES.

(Antérieurs)

Werner del.

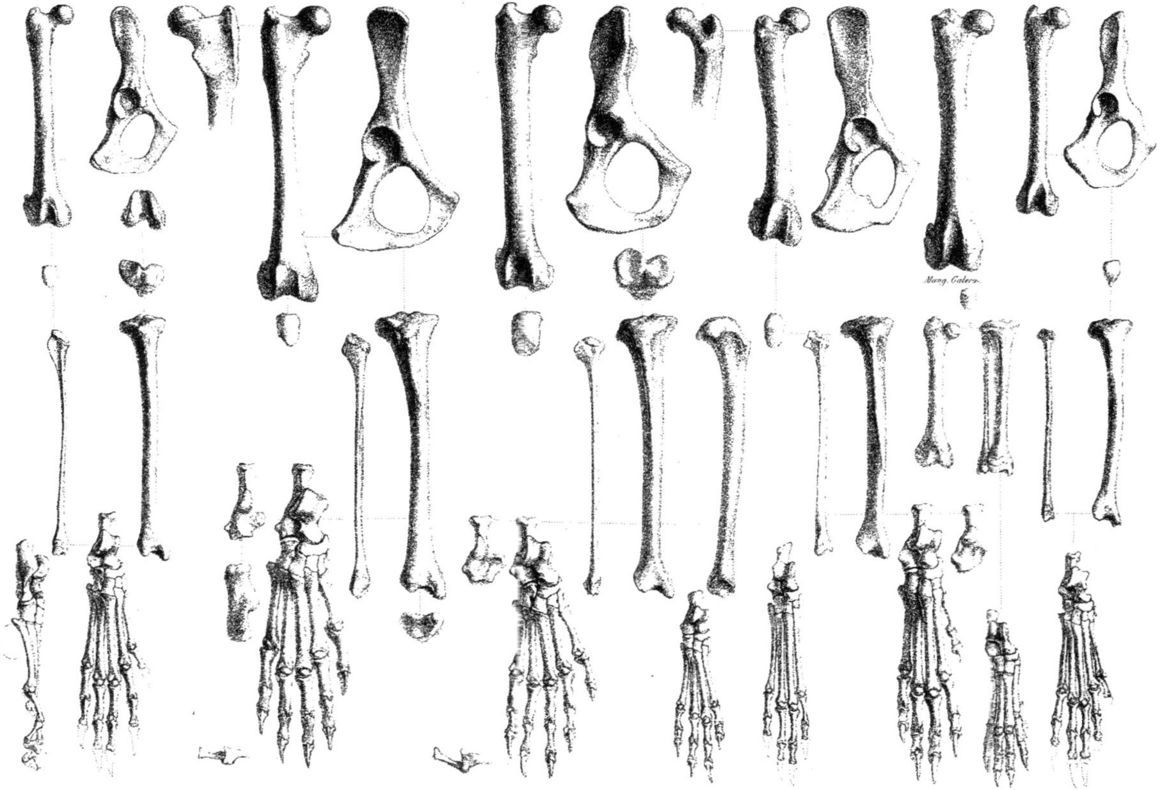

Mang. Galera.

P. derbyanus. *V. Genetta.* *Cynogale Bennettii.* *Paradoxurus typus.* *Mang. tetradactyla.* *Mang. penicillata.* *Mang. Ichneumon.* *Eupleres Goudotii.* *Bassaris astuta.*

PARTIES CARACTÉRISTIQUES DES MEMBRES.

(postérieurs)

Werner del. Imp. de Becquet.

Cynogale Bennettii.

Viverra indica.

Viverra indica.

Cryptoprocta ferox.

Mangusta tetradactyla.

Viverra indica.

Mangusta striata.

Mangusta tetradactyla.

Mangusta tetradactyla.

Paradoxurus aureus.

Euplères Goudotii.

Mangusta albicauda.

Cynogale Bennettii.

V. fossa.

V. ajia.

Viverra indica.

V. Civetta.

V. Zibetha (No. 2).

Viverra Zibetha (No. 1).

Paradoxurus typus.

Paradoxurus derbyanus.

Viverra linsang.

Mang. (Galidia) striata.

Mang. (Crossarchus) obscurus.

Mangusta vitticollis.

Paradoxurus auratus.

Paradoxurus Hamiltoni.

Bassaris astuta.

Mangusta tetradactyla.

Mangusta penicillata.

Mangusta paludinosa.

Mangusta Ichneumon.

SYSTÈME DENTAIRE.

Werner del.

Imp. de Bezonet.

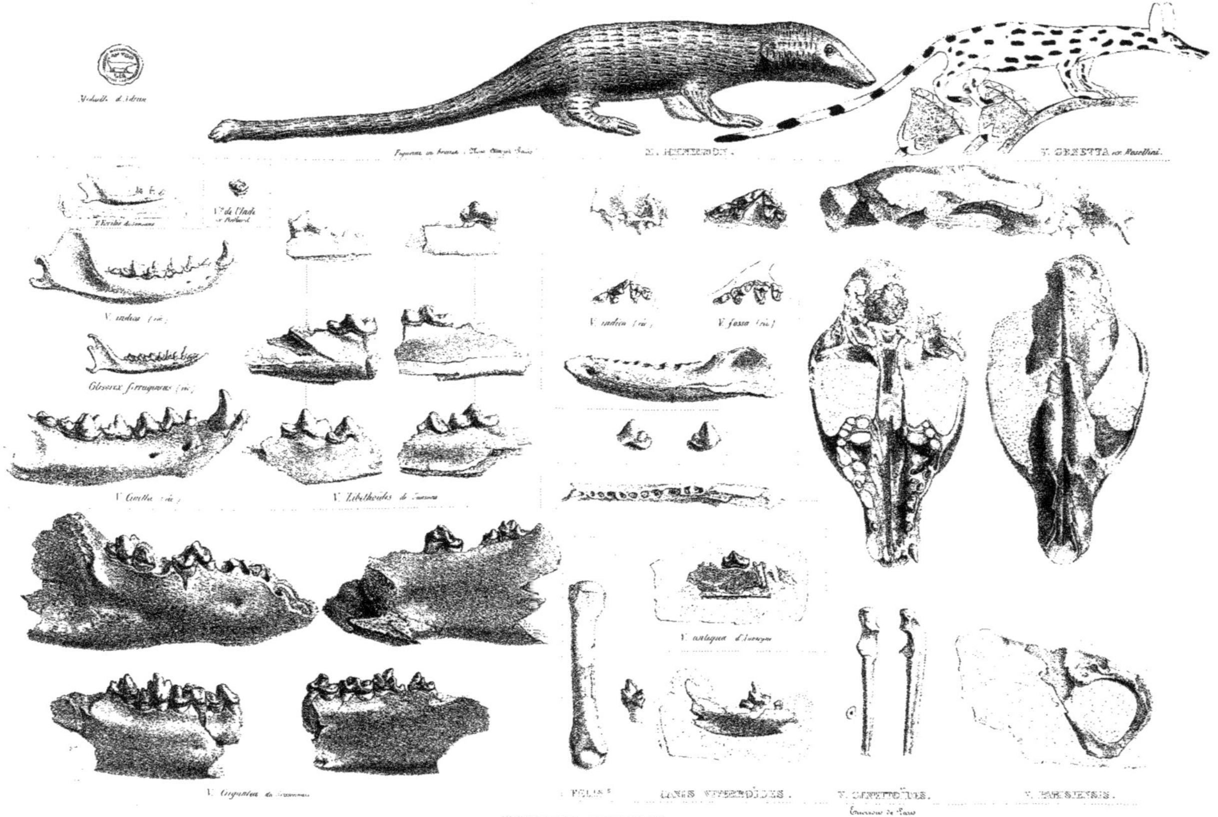

Médaille d'Athènes

H. ICHNEUMON.

V. GENETTA ex Rosellini.

V. Ferrier de Sansans

V. de l'Inde ex Pentland

V. indica (vie)

V. indica (vie) V. fossa (vie)

Glossorex ferrugineus (vie)

V. Civetta (vie)

V. Zibethoïdes de Sansans

V. antiqua d'Auvergne

V. Gigantea de Sansans

FELIS ? CANIS VIVERROÏDES. V. GENETTOÏDES. V. PARISIENSIS.

Environs de Paris

VIVERRÆ ANTIQUÆ.

Werner del. Imp. de Bequet

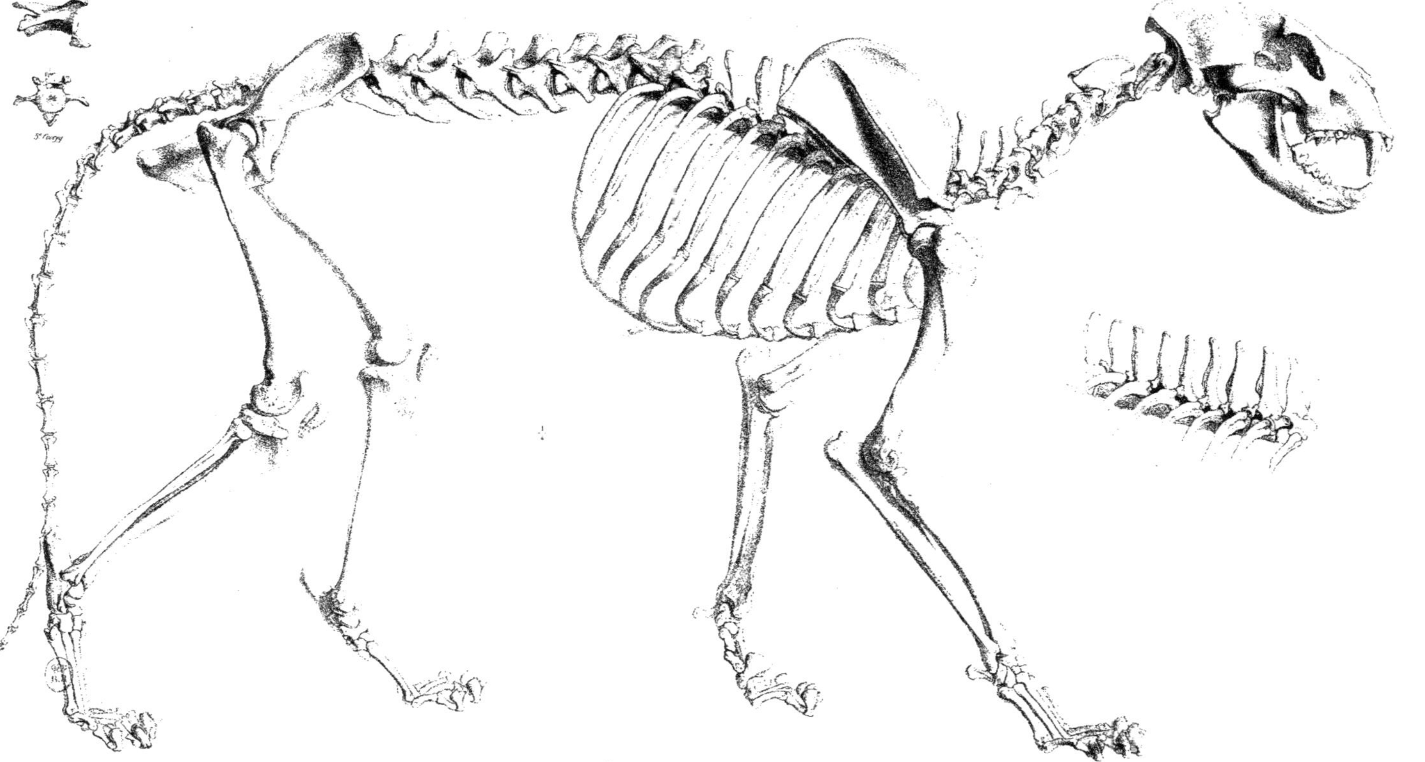

LION DE BARBARIE.

Werner, del.

Imp. de Becquet.

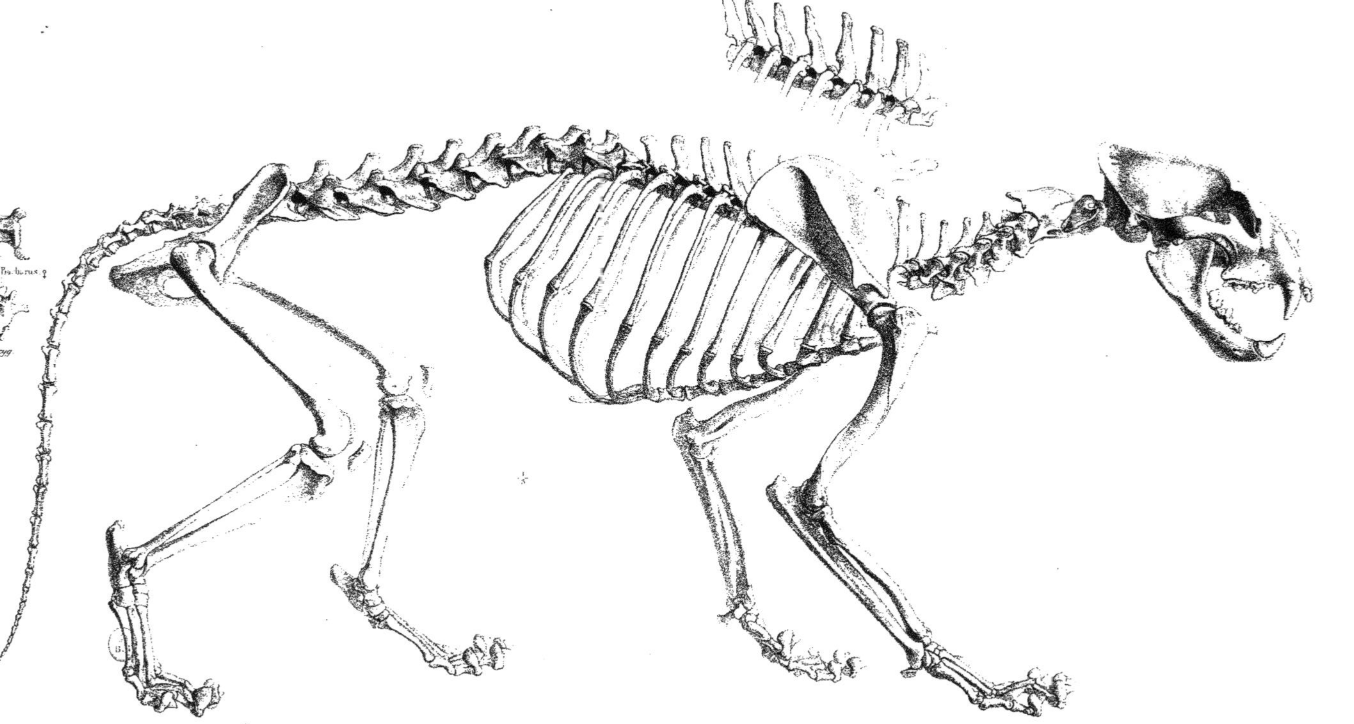

JAGUAR DU BRÉSIL.
(F. Onça ♂)

Werner, del.

Imp. de Becquet.

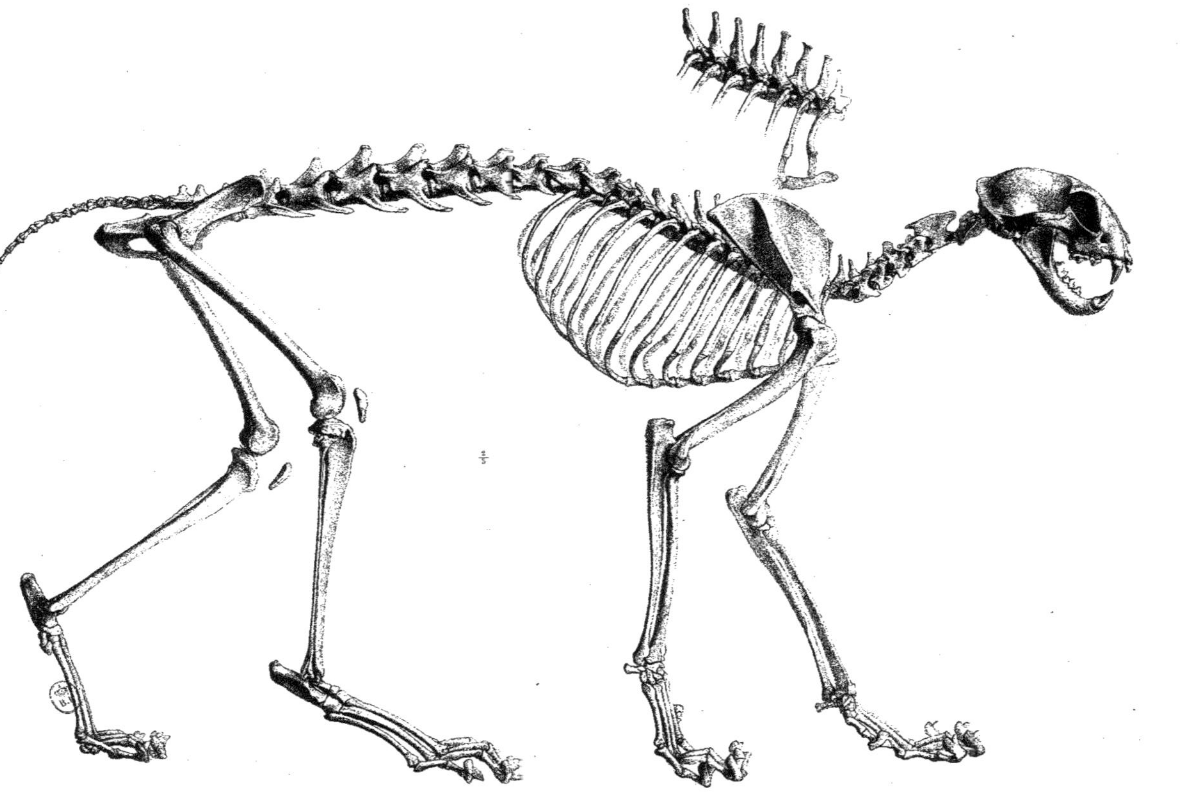

LYNX.

(F. Lynx.)

Werner, del. Imp. de Becquet.

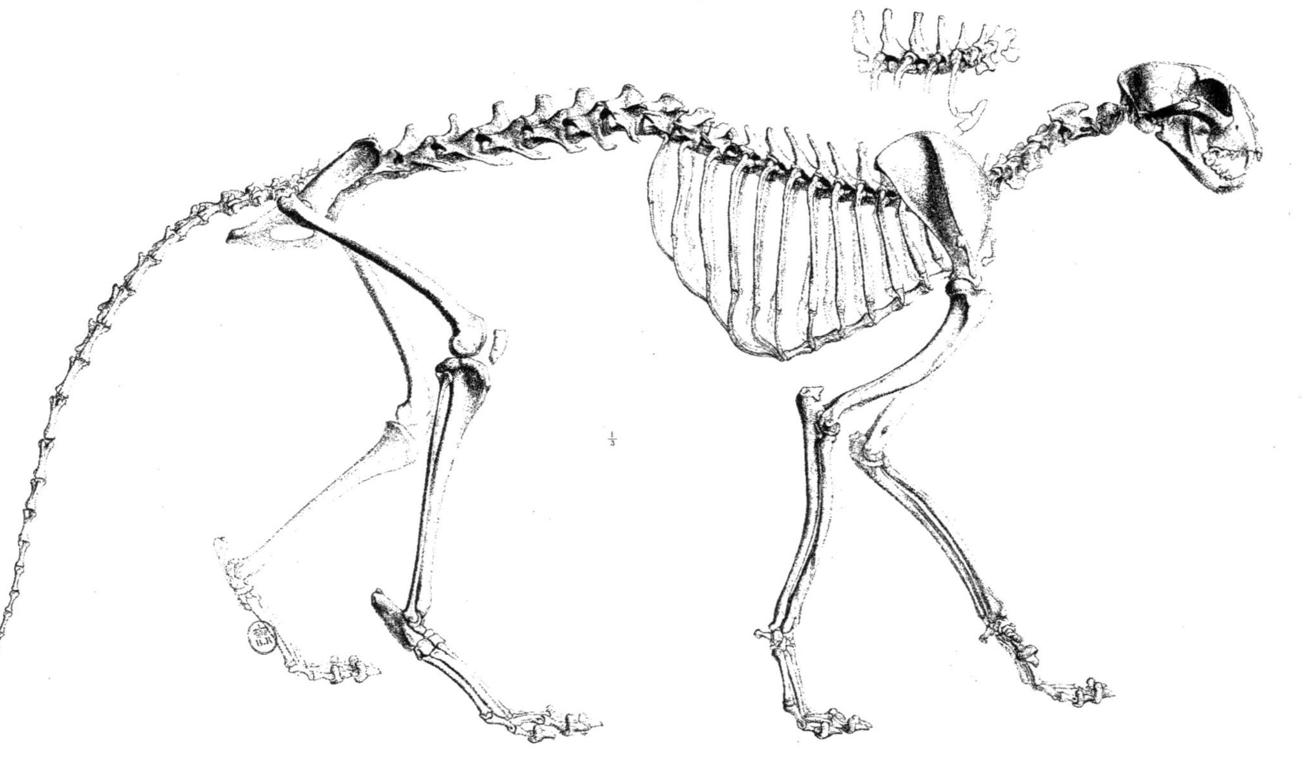

GUÉPARD.
(F. Jubata ♂)

Werner, del.

Imp. de Becquet.

FELIS LEO, BARBARUS. ♂ 1/2

Werner del.

Lith. de Becquet.

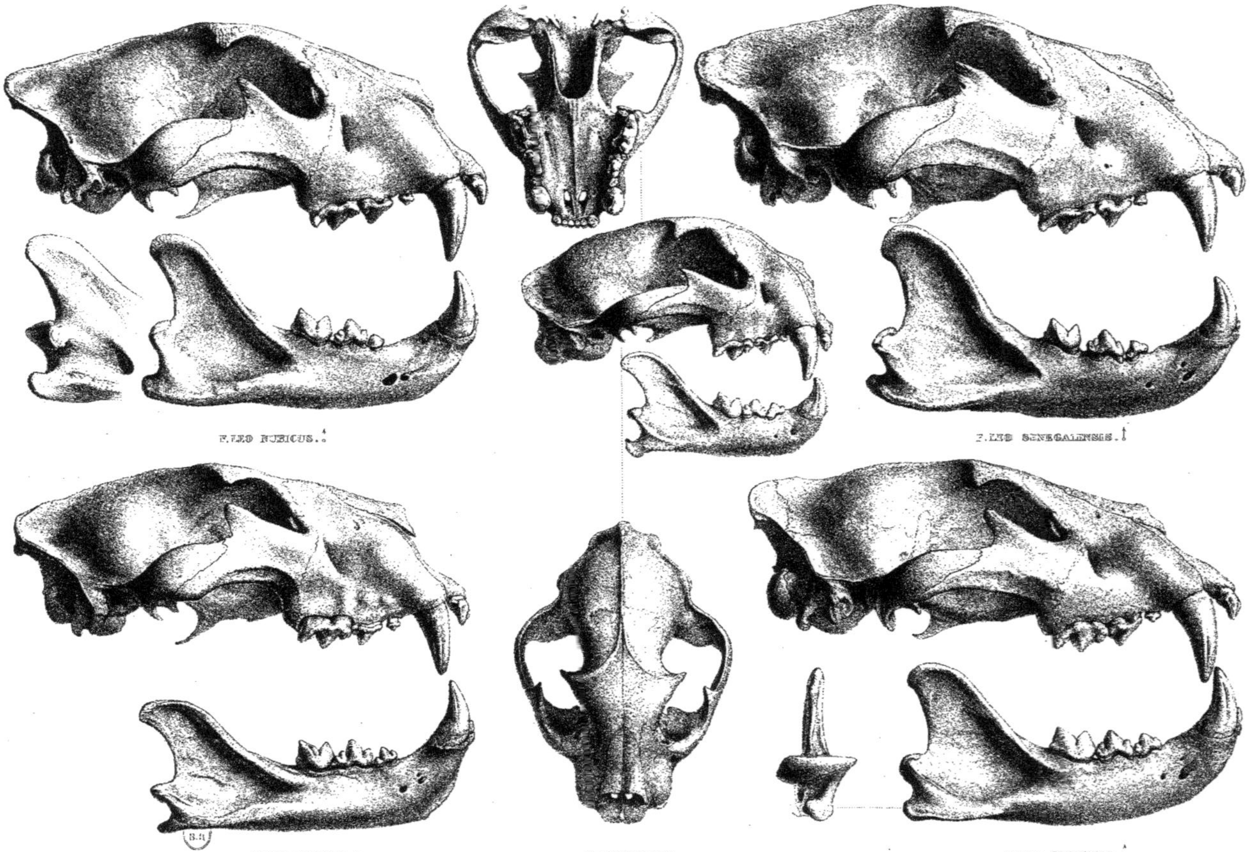

F. LEO NUBICUS. ♂

F. LEO SENEGALENSIS. ♂

F. LEO INDICUS ♀

F. CONCOLOR.

F. LEO CAPENSIS. ♂

1/2

Werner del.

Lith. de Becquet.

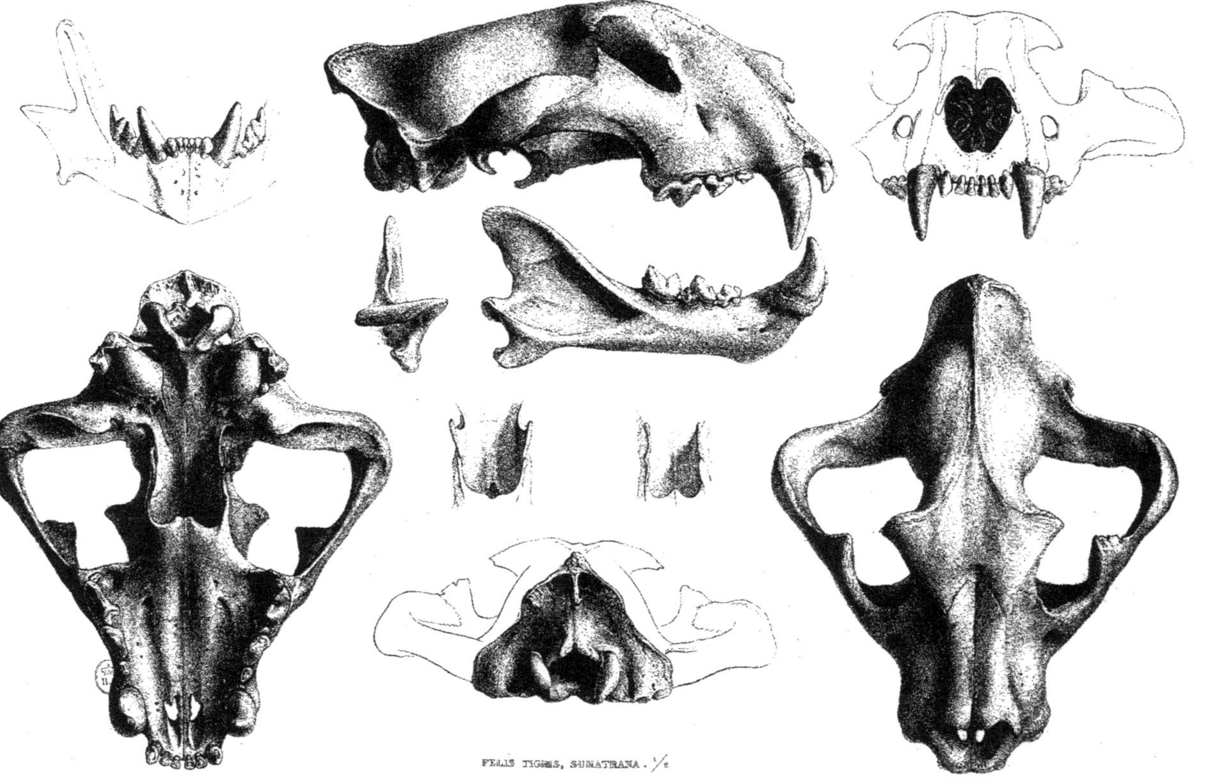

FELIS TIGRIS, SUMATRANA. 1/2

Werner, del. Lith. de Becquet.

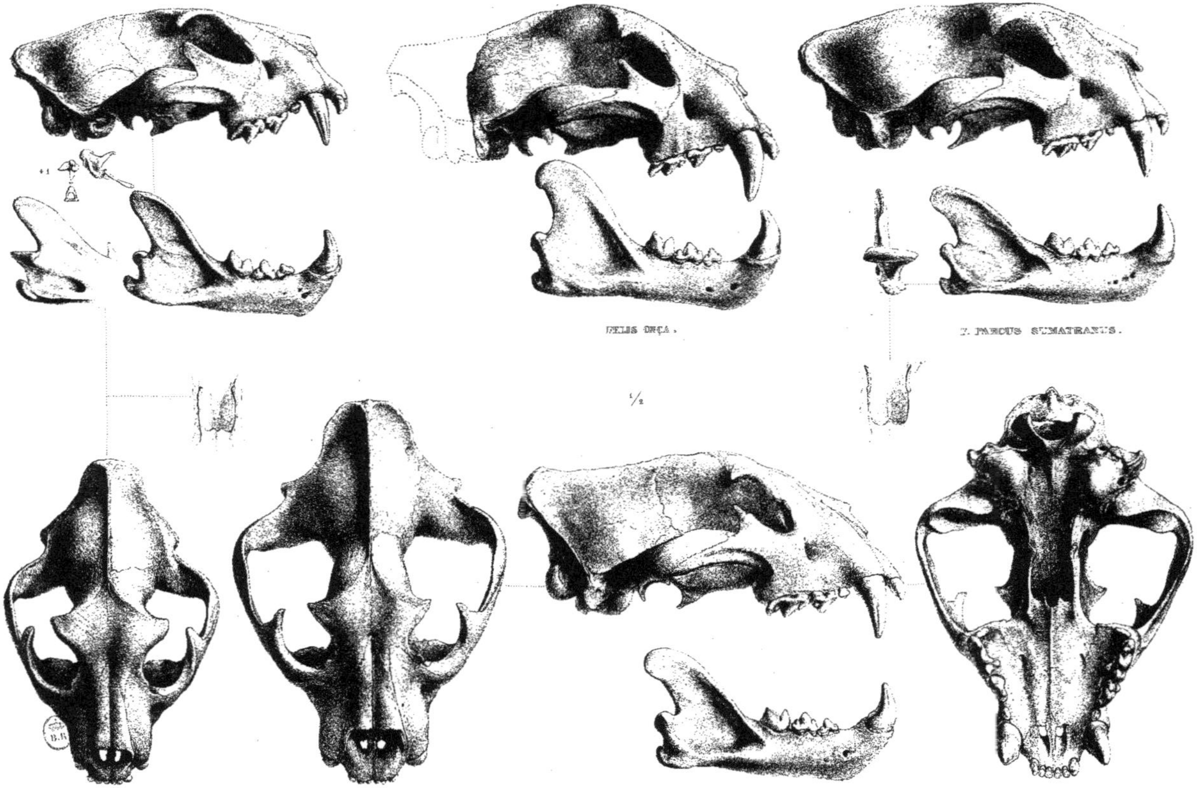

+1

FELIS ONÇA.

F. PARDUS SUMATRANUS.

$1/2$

F. PARDUS BARBARUS ♀

F. ONÇA PERUVIANA ♀

Werner, del.

Lith. de Becquet.

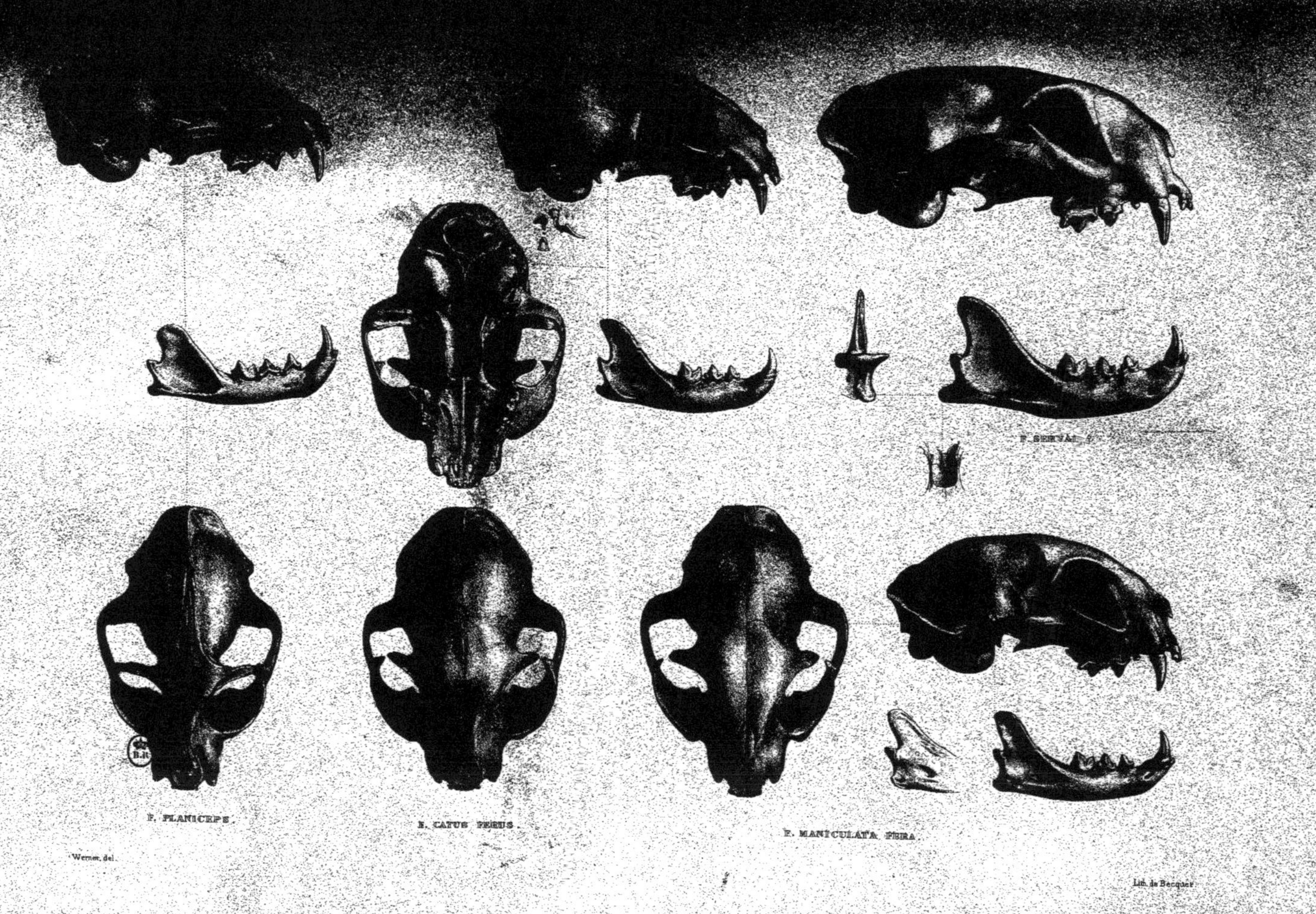

Werner, del.

Lith. de Becquet

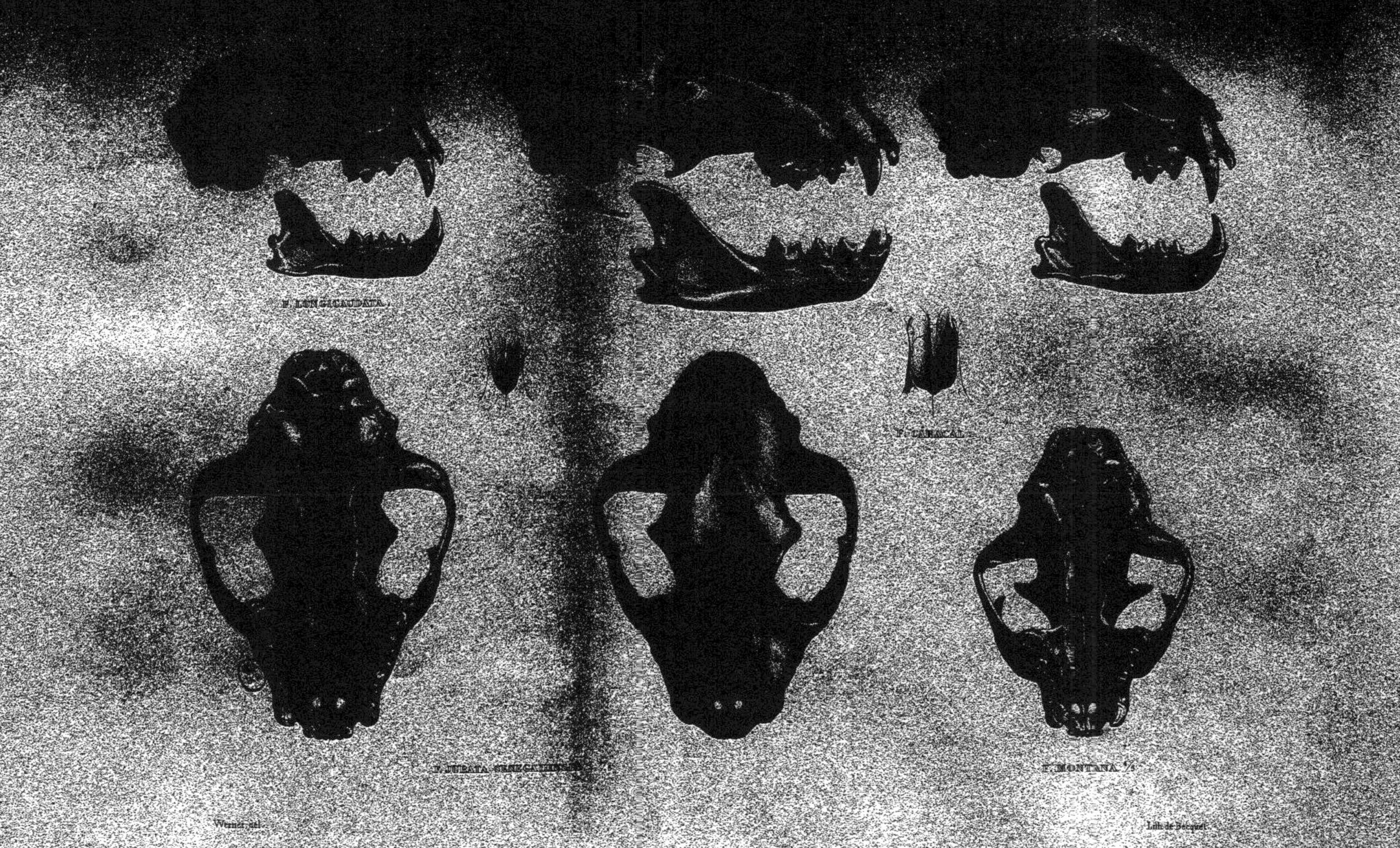
F. LONGICAUDATA.
F. CARACAL.
F. JUBATA SENEGALENSIS
F. MONTANA
Werner del.
Lith. de Becquet

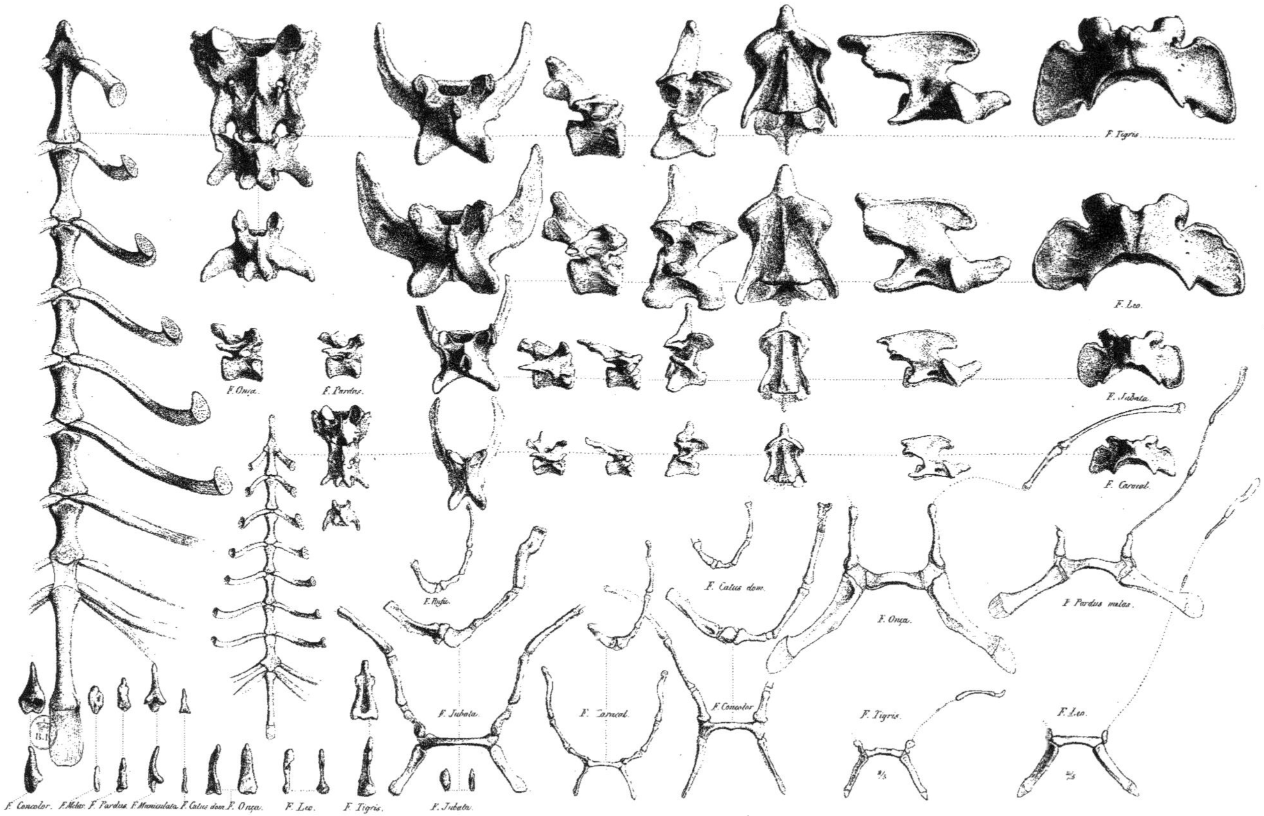

PARTIES CARACTÉRISTIQUES DU TRONC.

(Série vertébrale.)

Werner, del. Imp. de Becquet.

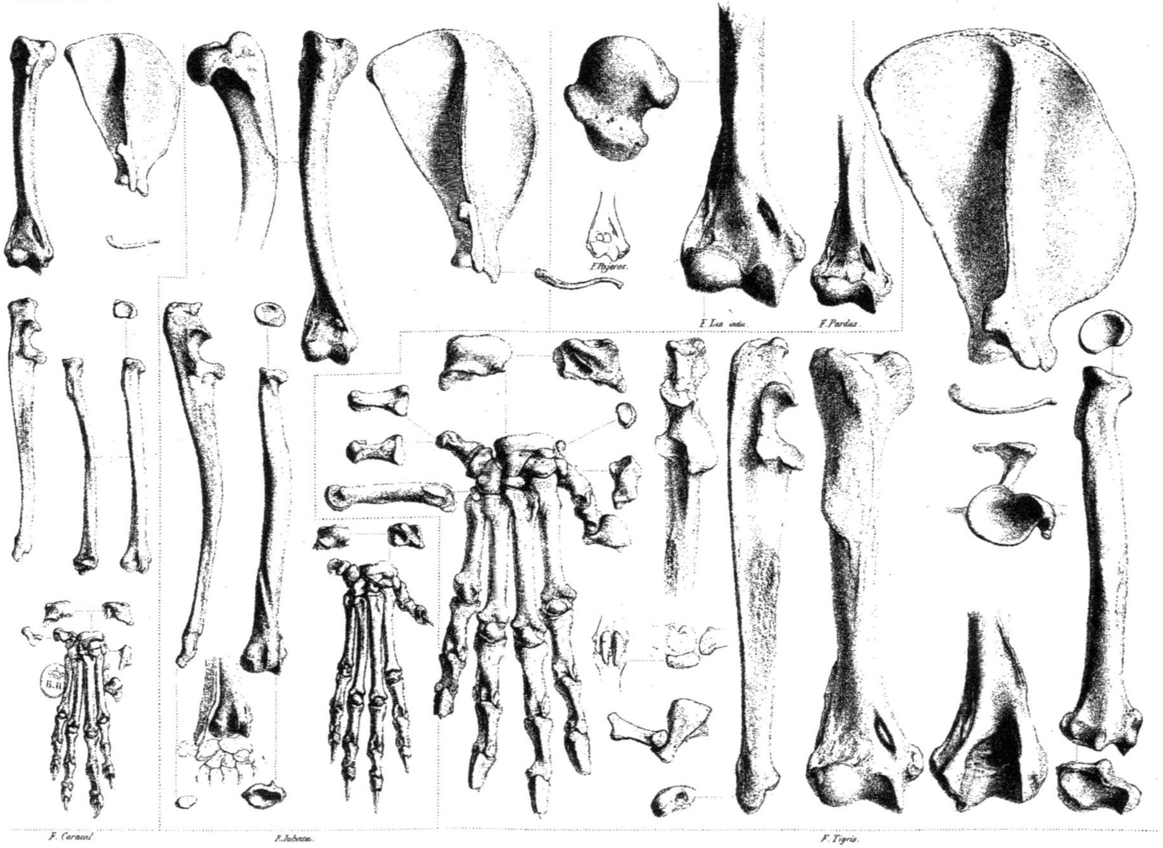

F. Pajeros.

F. Leo indic.

F. Pardus.

F. Caracal.

F. Jubata.

F. Tigris.

PARTIES CARACTÉRISTIQUES DES MEMBRES.

(antérieurs.)

1/2

Werner, del.

Lith. de Becquet.

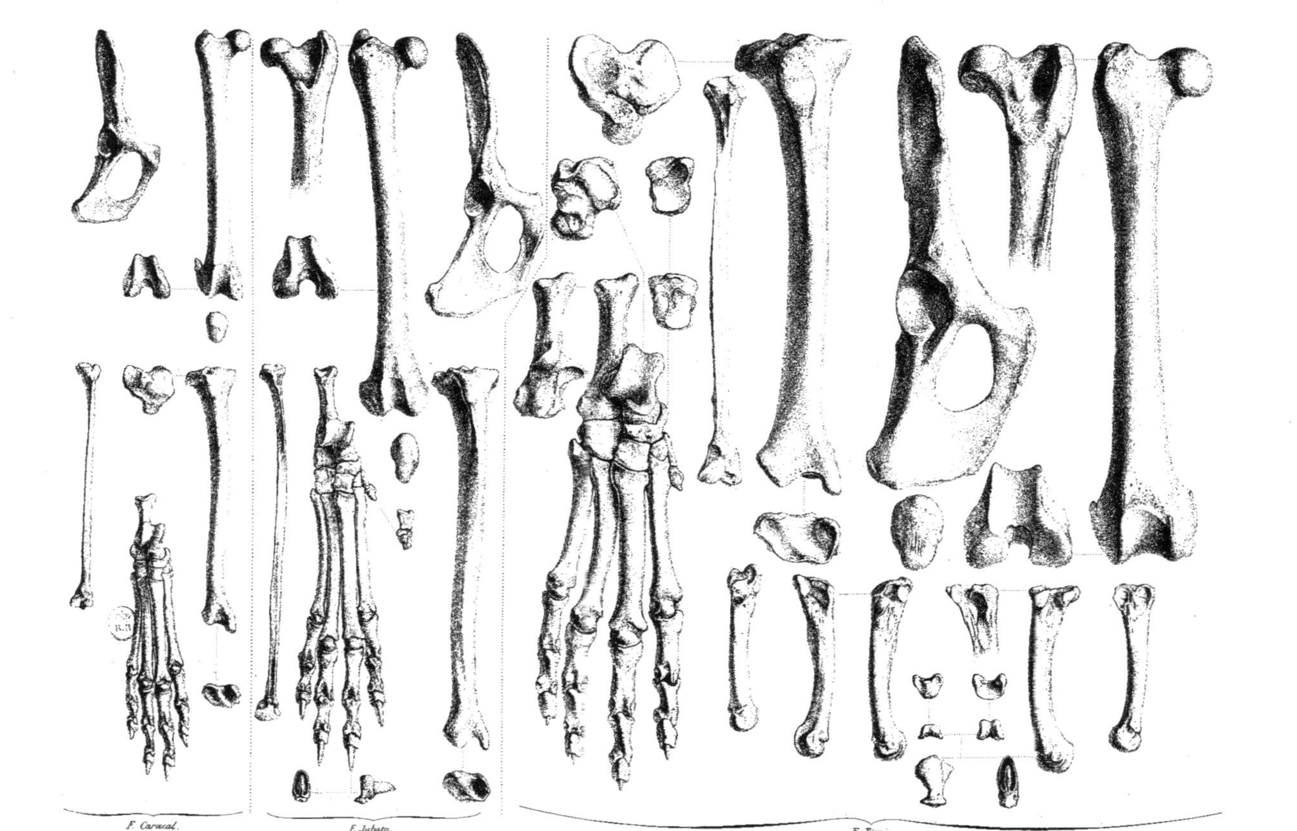

PARTIES CARACTÉRISTIQUES DES MEMBRES.
(postérieurs.)

Werner, del. Lith. de Becquet.

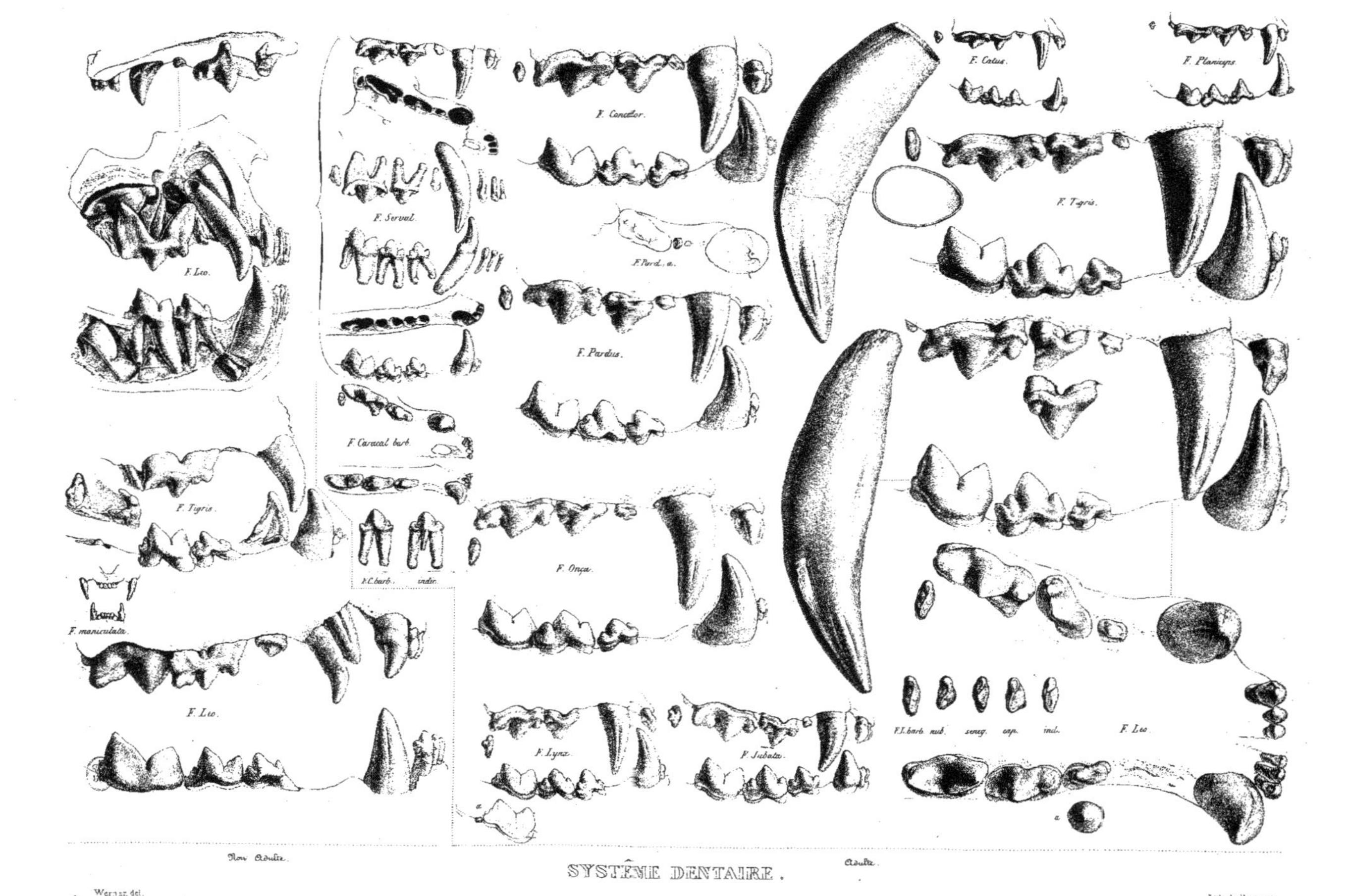

Non Adulte. Adulte.

SYSTÈME DENTAIRE.

Werner, del. Lith. de Becquet.

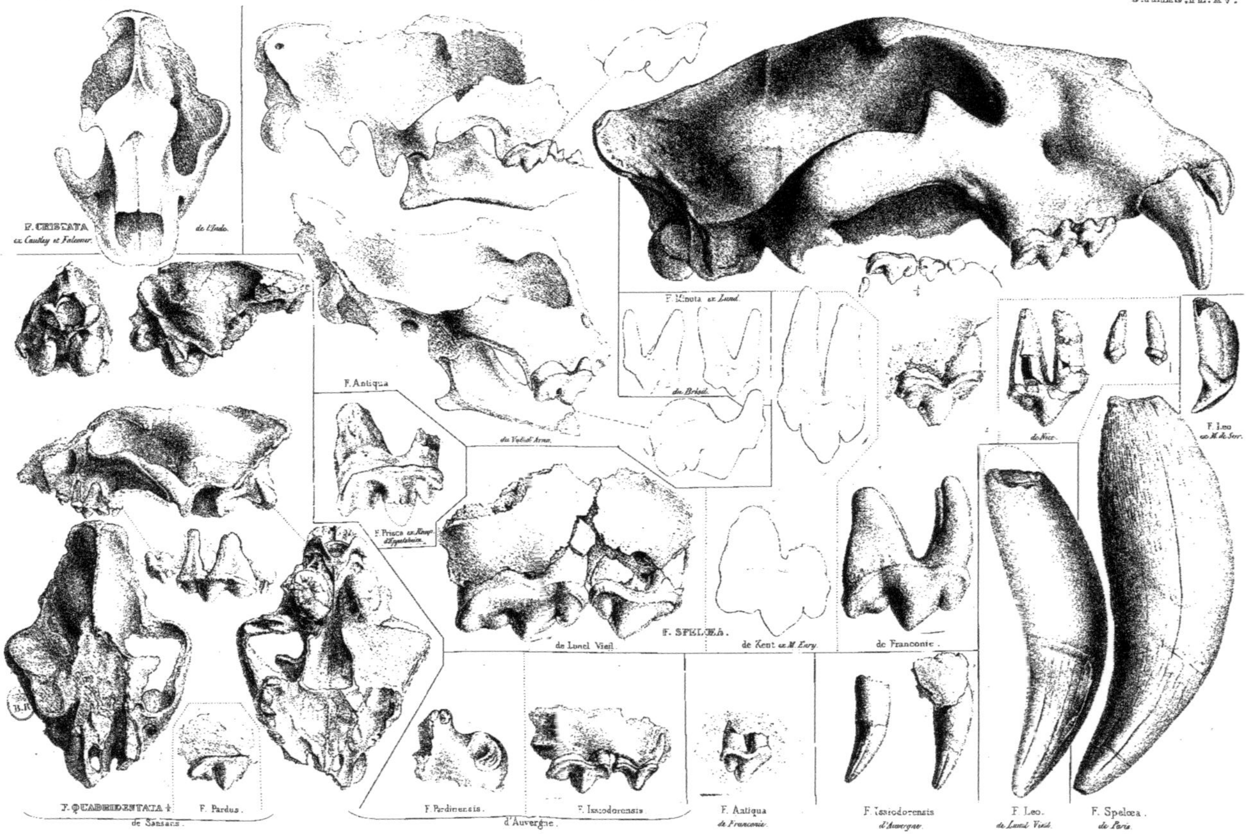

F. CRISTATA ex Cautley et Falconer. de l'Inde.

F. Antiqua

du Vald'Arno.

F. Prisca ex Kaup d'Eppelsheim.

F. Minuta ex Lund. du Brésil.

F. Leo ex M. de Serr.

de Nice.

de Lunel Vieil. F. SPELÆA. de Kent ex M. Eury. de Franconie.

F. QUADRIDENTATA + de Sansans. F. Pardus.

F. Perdirensis. F. Issiodorensis d'Auvergne.

F. Antiqua de Franconie.

F. Issiodorensis d'Auvergne.

F. Leo. de Lunel Vieil.

F. Spelæa. de Paris.

FELES FOSSILES.

Werner, del. Lith. de Becquet.

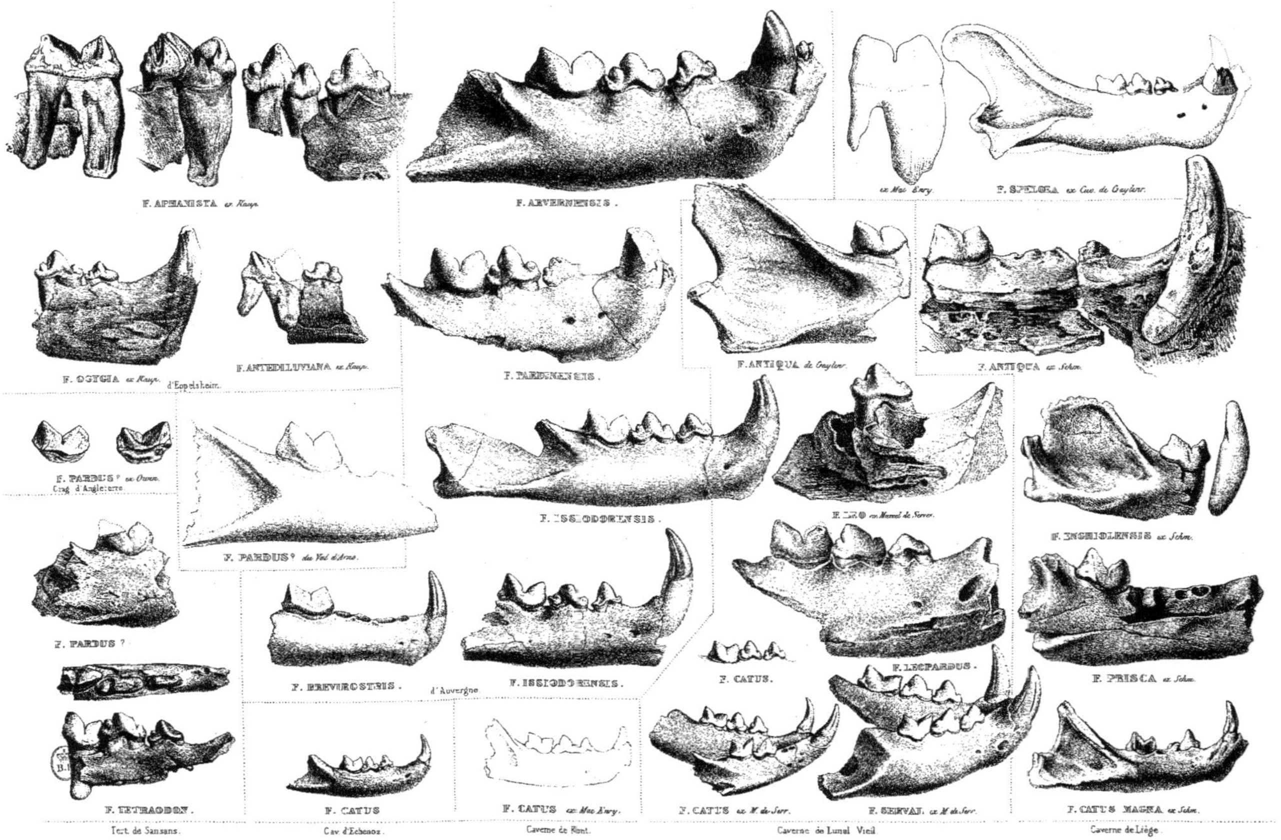

FELES FOSSILES. (Mandibules)

Werner, del.

Lith. de Becquet.

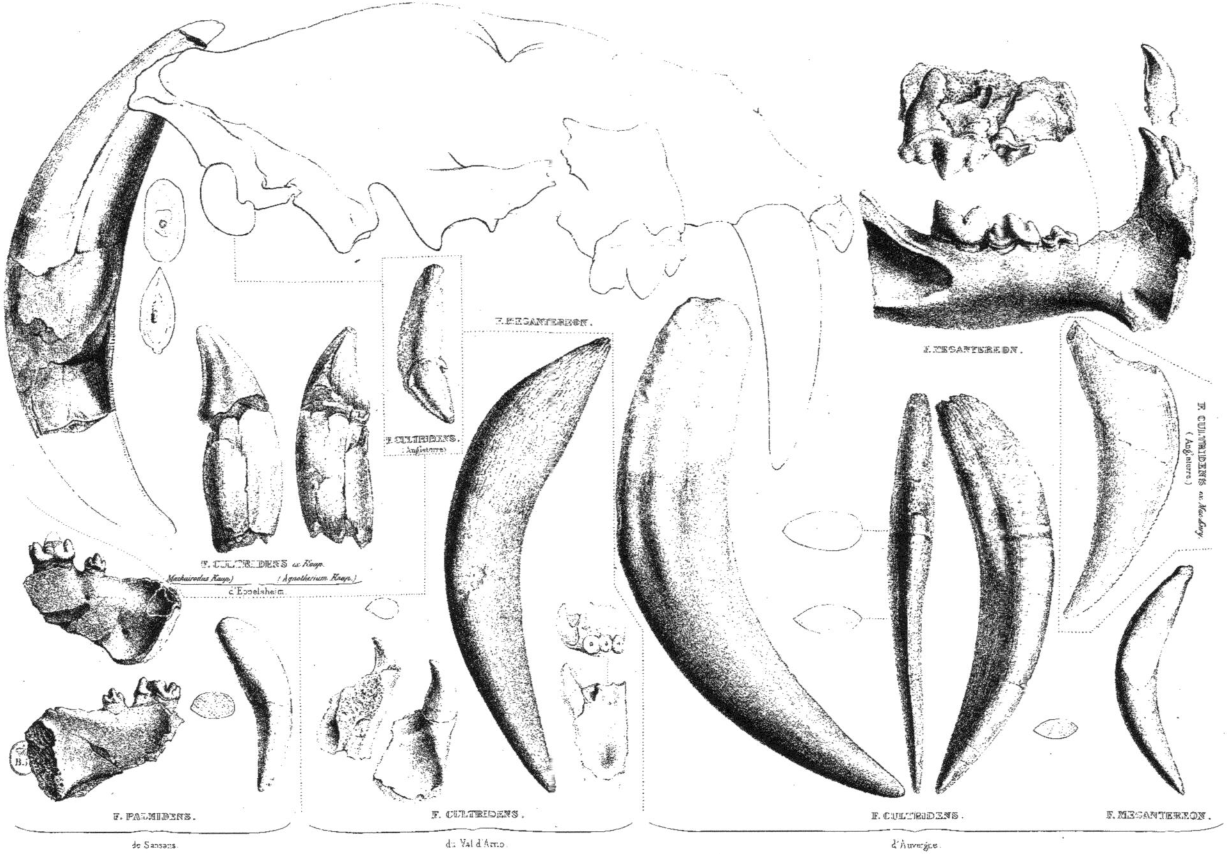

F. MEGANTEREON.

F. MEGANTEREON.

F. CULTRIDENS ex MacEnry.
(Angleterre.)

F. CULTRIDENS.
(Angleterre)

F. CULTRIDENS ex Kaup.
(Machairodus Kaup.) (Agnotherium Kaup.)
d'Eppelsheim.

F. PALMIDENS.
de Sansans.

F. CULTRIDENS.
du Val d'Arno.

F. CULTRIDENS. F. MEGANTEREON.
d'Auvergne.

Werner, del.

FELIS FOSSILES.

Imp. de Becquet.

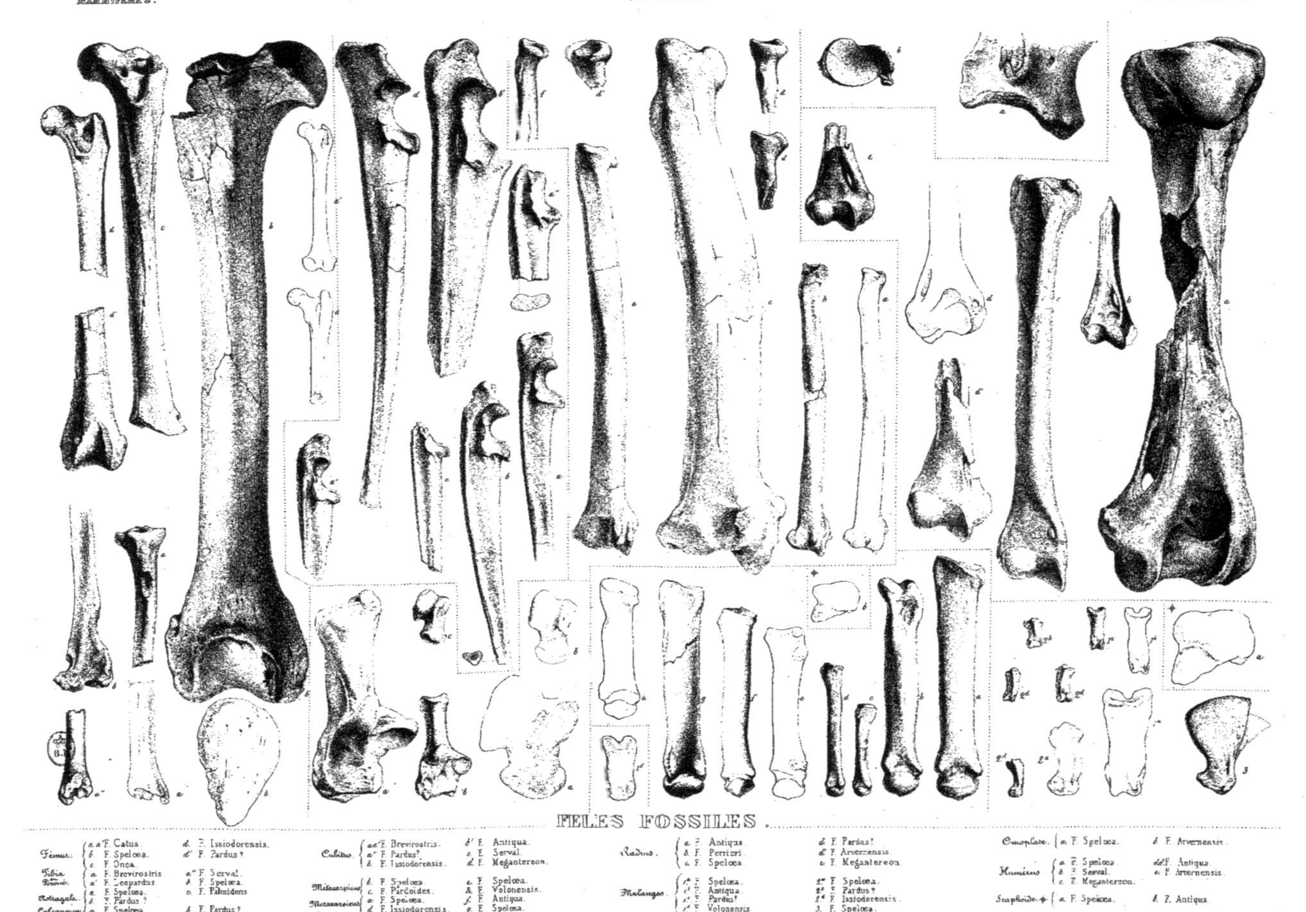

FELES FOSSILES.

Fémur. { a a' F. Catus. b. F. Spelœa. c. F. Onca. — d. F. Issiodorensis. d' F. Pardus?

Tibia Péroné. { a. F. Brevirostris. a' F. Leopardus. — a'' F. Serval. b. F. Spelœa. c. F. Palmidens

Astragale. { a. F. Spelœa. b. F. Pardus?

Calcaneum. { a. F. Spelœa. — b. F. Pardus?

Cubitus. { aa' F. Brevirostris. a'' F. Pardus? b. F. Issiodorensis. — b' F. Antiqua. c. F. Serval. d. F. Megantereon.

Métacarpiens / Métatarsiens { b. F. Spelœa. c. F. Pardoïdes. a. F. Spelœa. d. F. Issiodorensis. — e. F. Spelœa. h. F. Volonensis. f. F. Antiqua. g. F. Spelœa.

Radius. { a. F. Antiqua. b. F. Perrieri. c. F. Spelœa. — d. F. Pardus? d' F. Arvernensis. e. F. Megantereon.

Phalanges. { 1a F. Spelœa. 1b F. Antiqua. 1c F. Pardus? 1d F. Volonensis. — 2e F. Spelœa. 2b F. Pardus? 2d F. Issiodorensis. 3. F. Spelœa.

Omoplate. { a. F. Spelœa. — b. F. Arvernensis.

Humérus. { a. F. Spelœa. b. F. Serval. c. F. Megantereon. — dd' F. Antiqua. e. F. Arvernensis.

Scaphoïde ✦ { a. F. Spelœa. — b. F. Antiqua.

Werner del. — Lith. de Becquet.

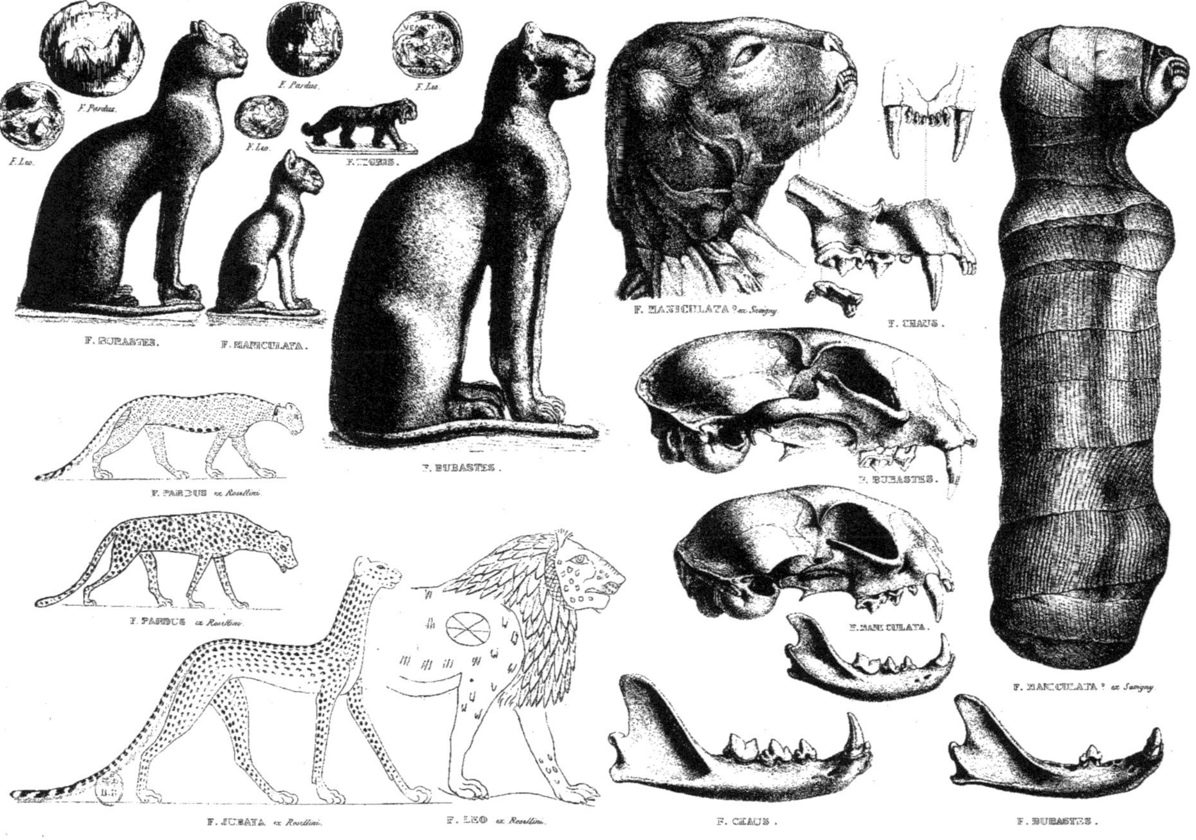

FELES ANTIQUAE.

Werner, del. Lith. de Becquet.

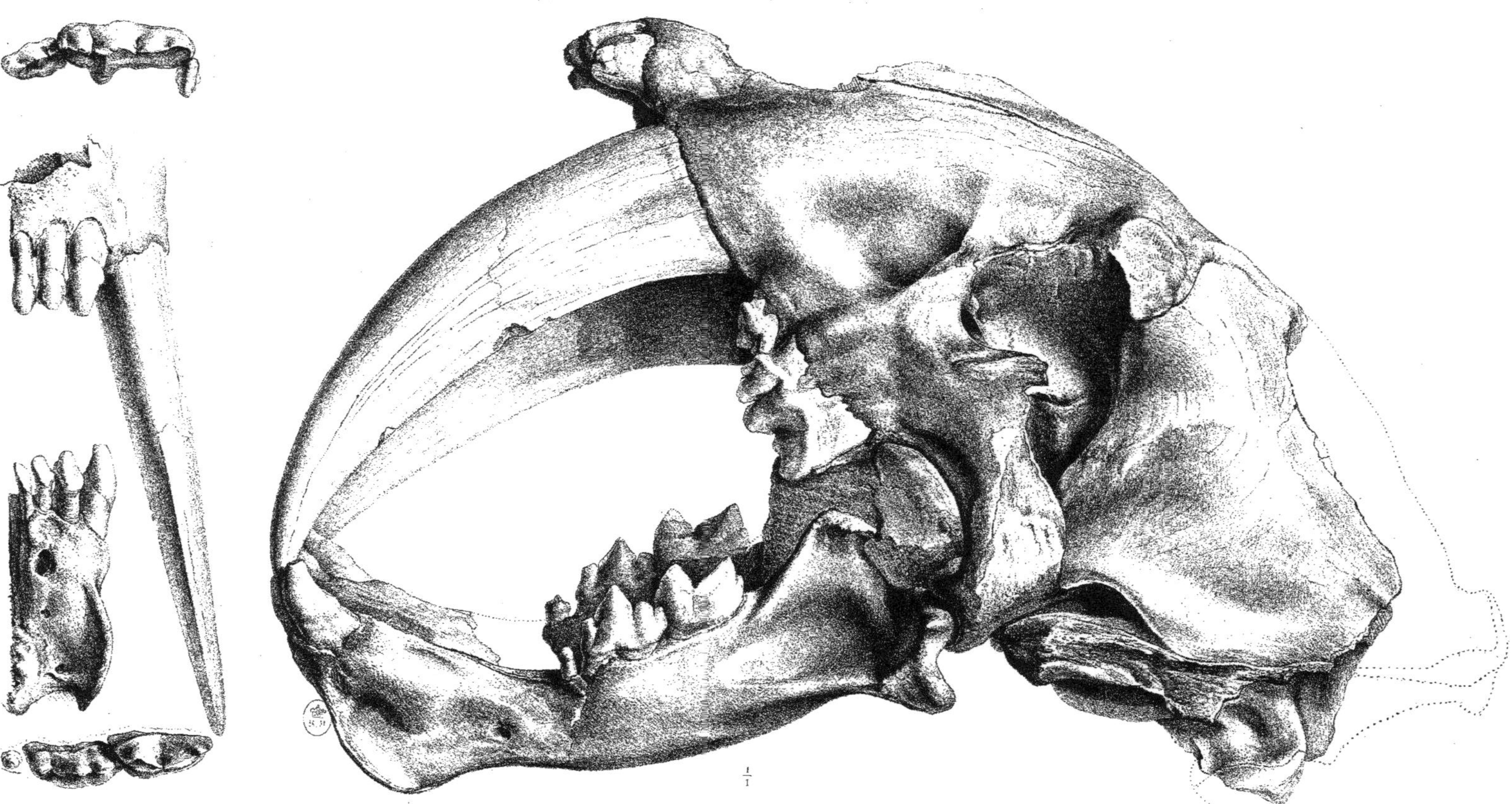

1/1

FELIS SMILODON (*du Brésil.*)

ex Munificentiâ Academiæ Scientiarum Parisiensis.

Werner del. Lith. de Becquet

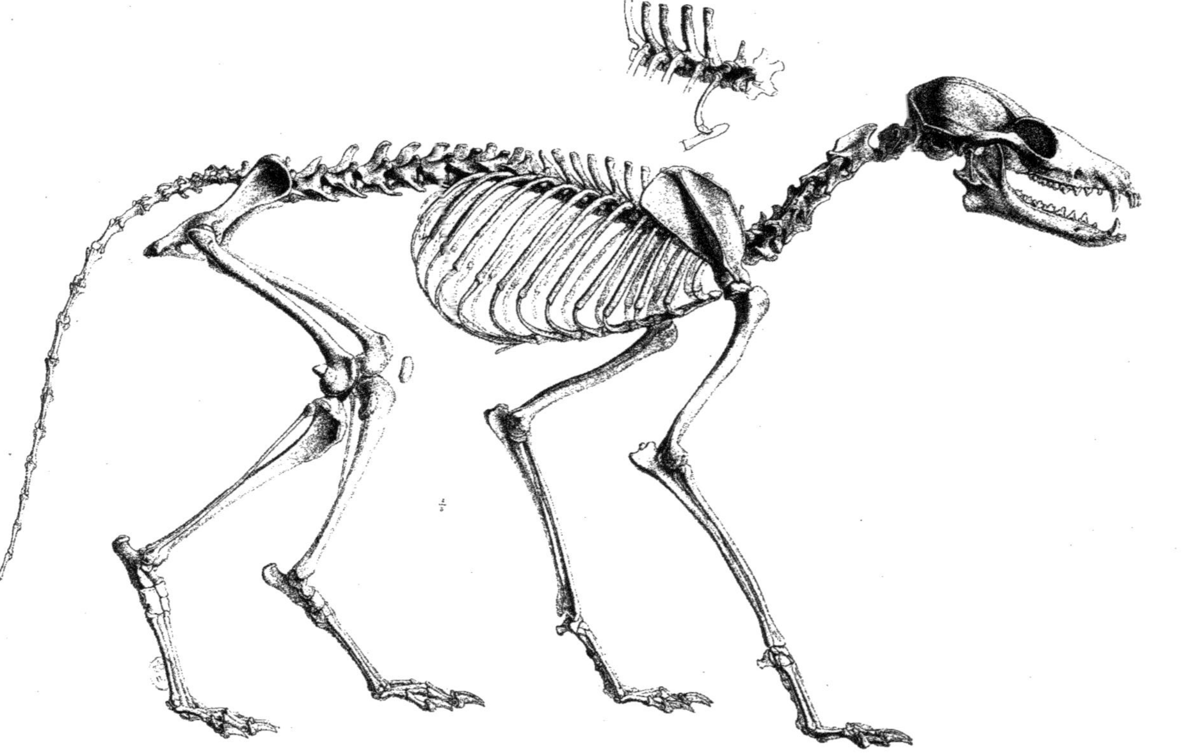

RENARD A GRANDES OREILLES.
(C. Megalotis. *Mas.*)

Werner del. Lith de Becquet.

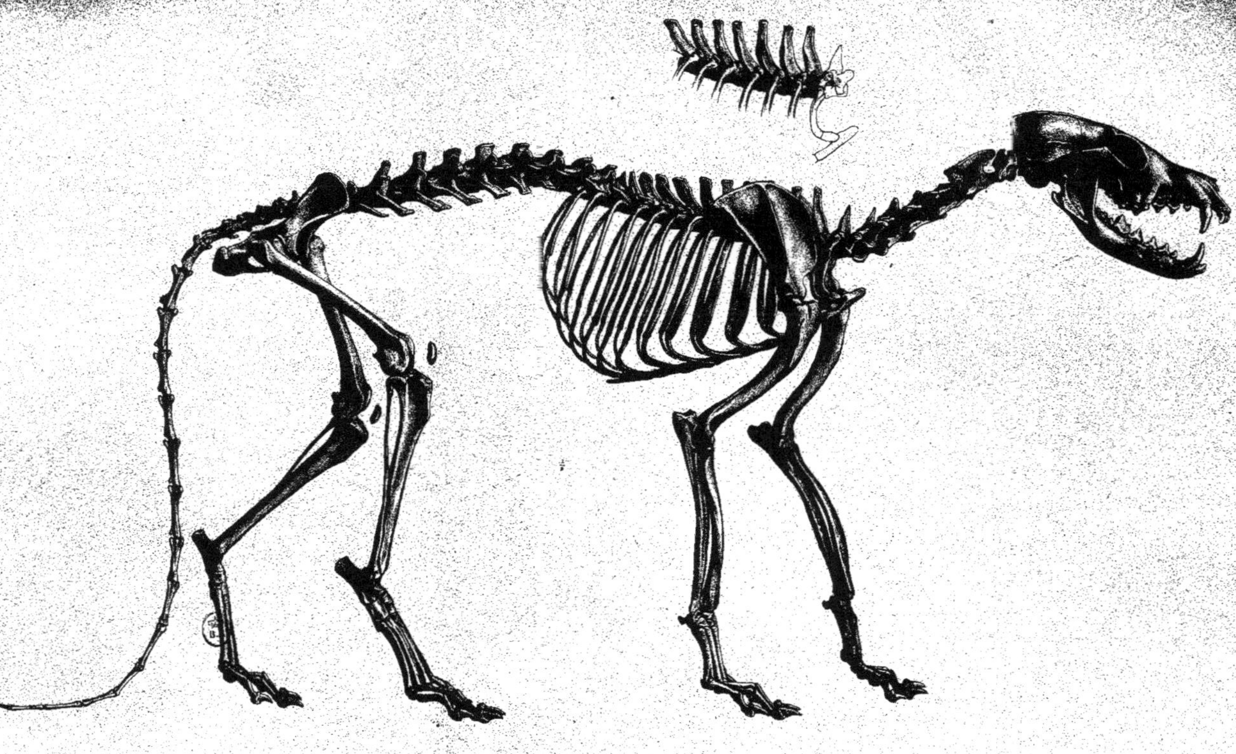

RENARD NOIR D'AMÉRIQUE.

(C. Vulpes. ♂)

Werner del.

Lith. de Becquet

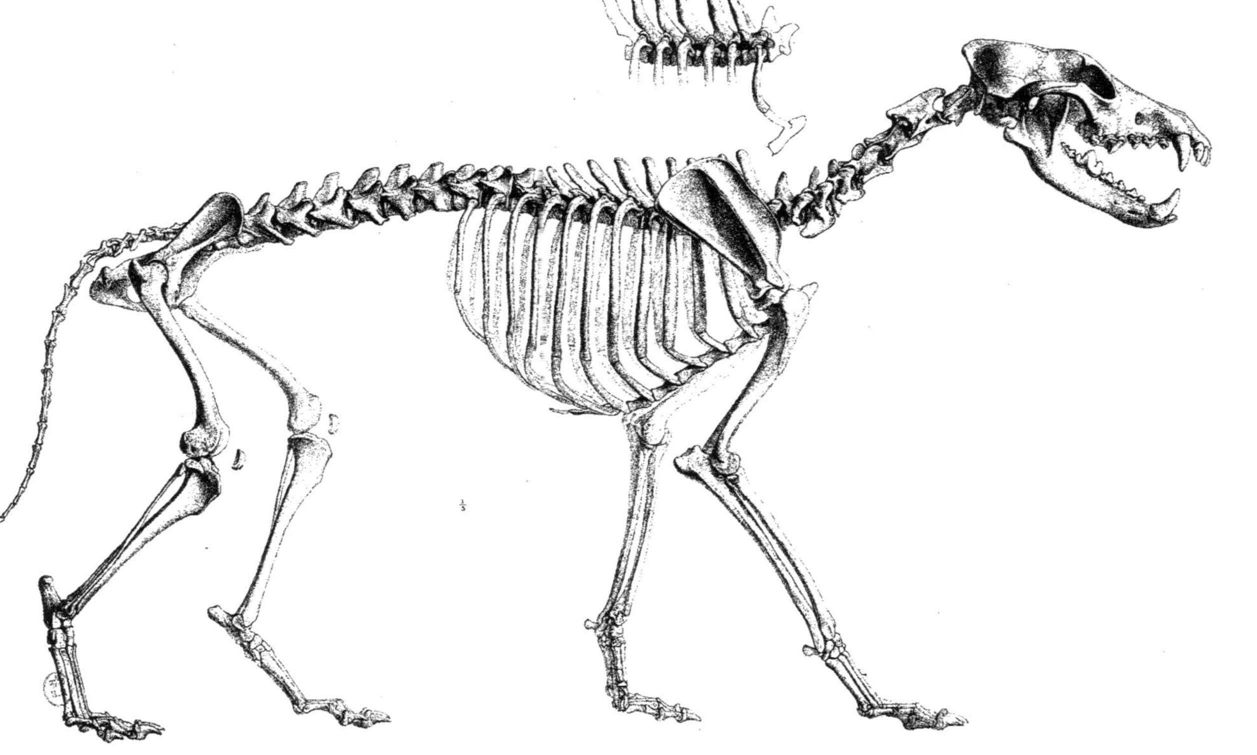

LOUP D'EUROPE.

(C. Lupus. Fœm.)

Werner del. Lith. de Becquet.

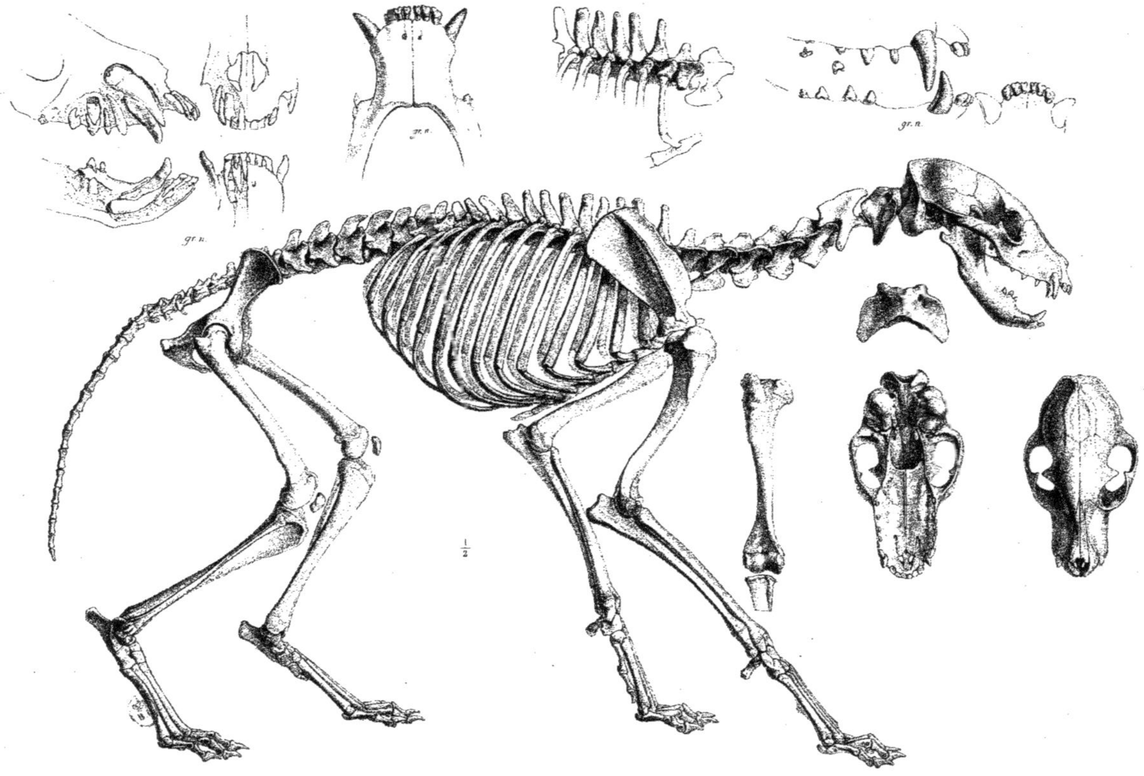

gr. n.

gr. n.

gr. n.

1/2

PROTÈLE DELALANDE.

(Proteles Lalandii.)

Werner del.

Lith. de Becquet.

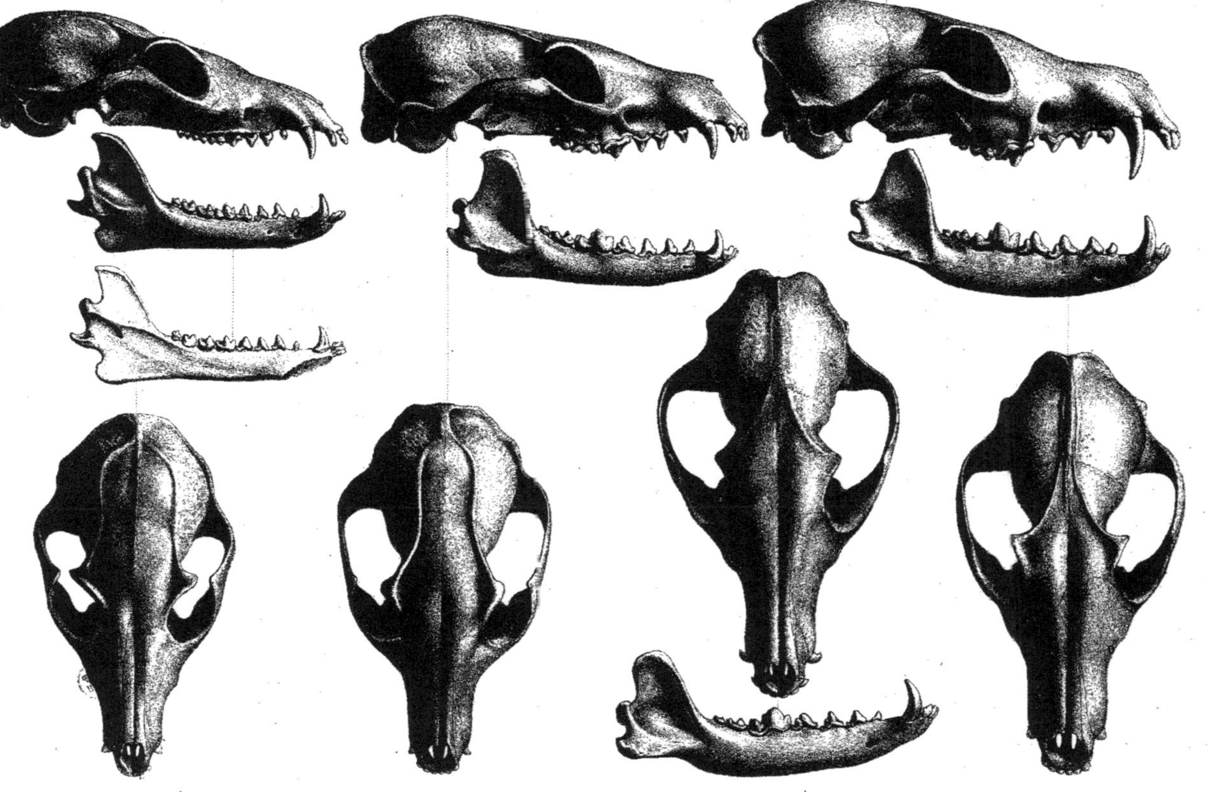

C. MEGALOTIS. ♂ — C. CINEREO-ARGENTEUS. — C. AZARÆ. ♂ — C. VULPES.

Werner del. — Lith. de Becquet.

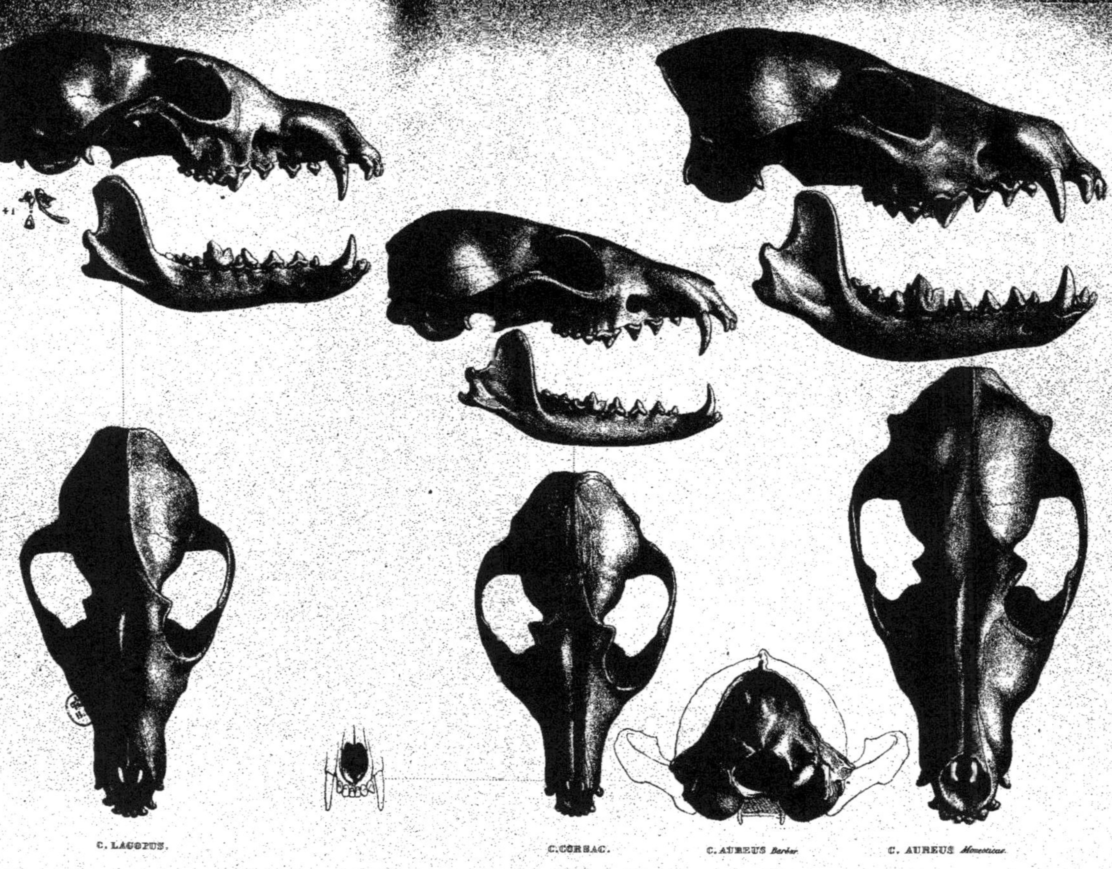

Werner del.

Lith. de Becquet

C. LUPUS. ♀

Werner del.

Lith. de Becquet.

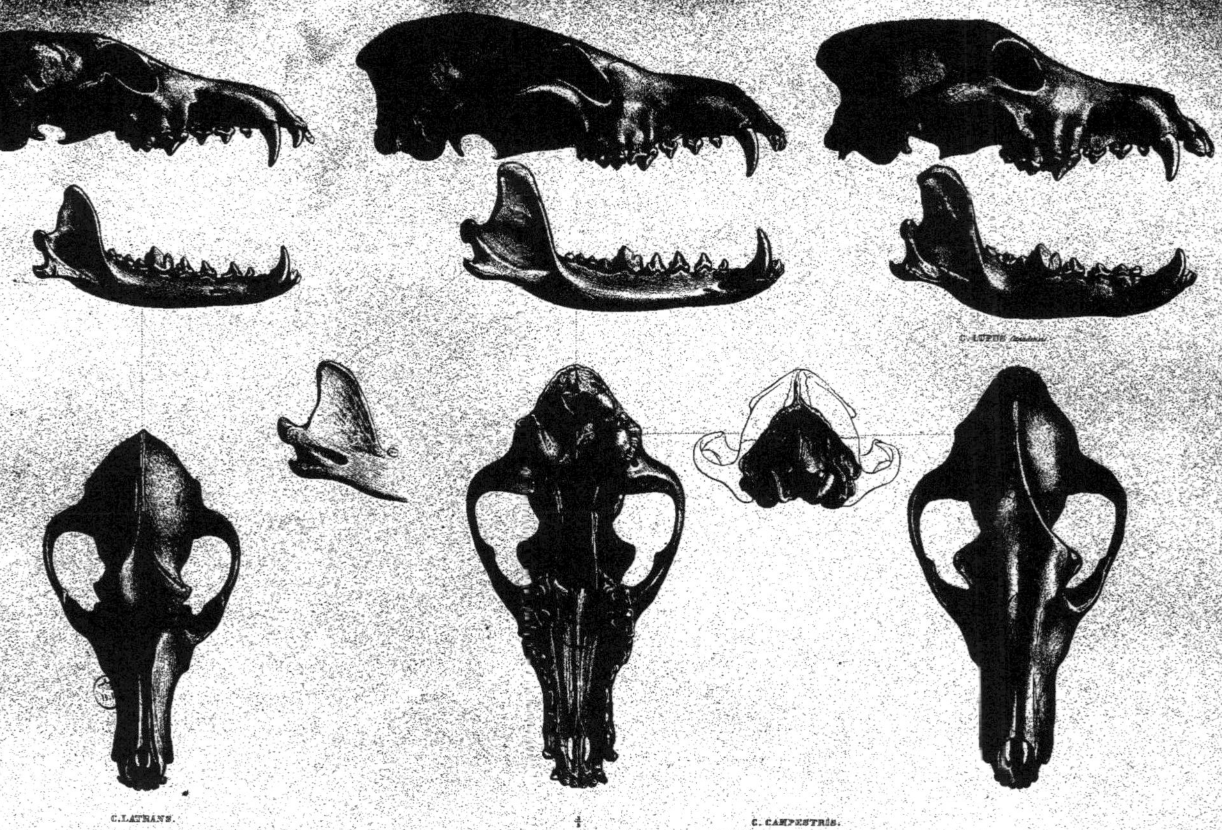
C. LUPUS
C. LATRANS.
C. CAMPESTRIS.
Werner del.
Lith. de Becquet.

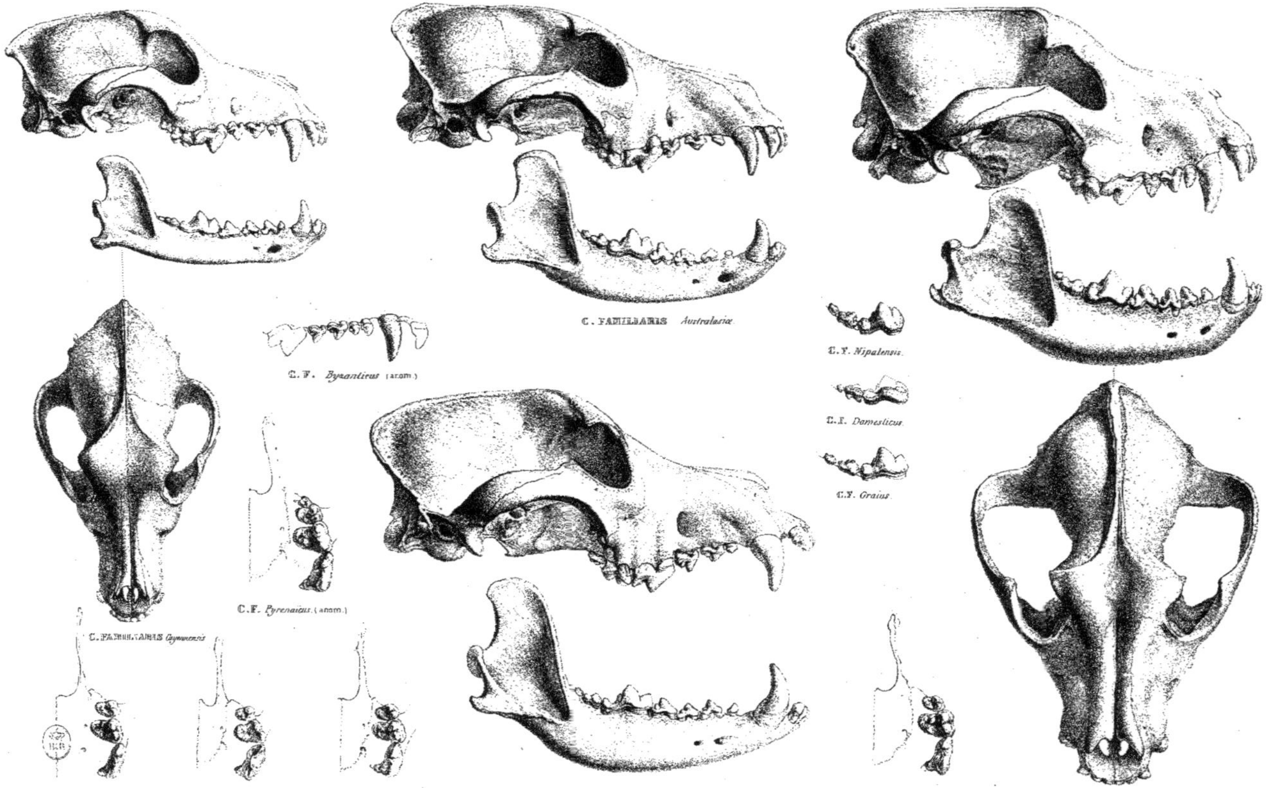

C. FAMILIARIS Australasiæ

C. F. Byzantinus (anom.)

C. F. Nipalensis.

C. F. Domesticus.

C. F. Graius.

C. F. Pyrenaicus (anom.)

C. FAMILIARIS Cayennensis

C. F. Graius. C. F. Domesticus. C. F. Nipalensis.

C. FAMILIARIS Terræ-Novæ

C. F. Terræ-Novæ

C. FAMILIARIS Sumatrensis

Werner del. 2/3 Lith. de Becquet.

C. PRIMÆVUS.

C. PICTUS.

C. BRACHYOTOS.

C. CANCRIVORUS. ♀

Werner del.

Lith. de Becquet.

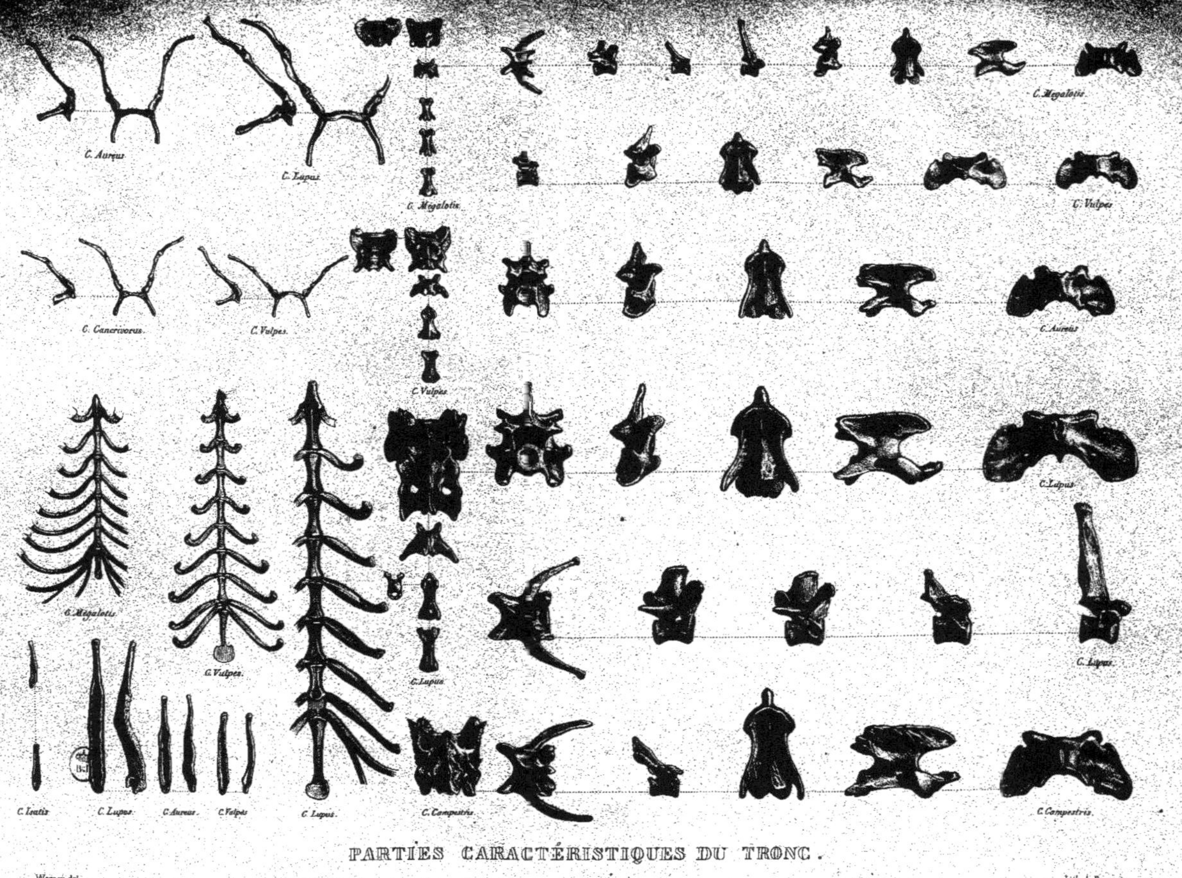

PARTIES CARACTÉRISTIQUES DU TRONC.

Werner del.

Lith. de Becquet.

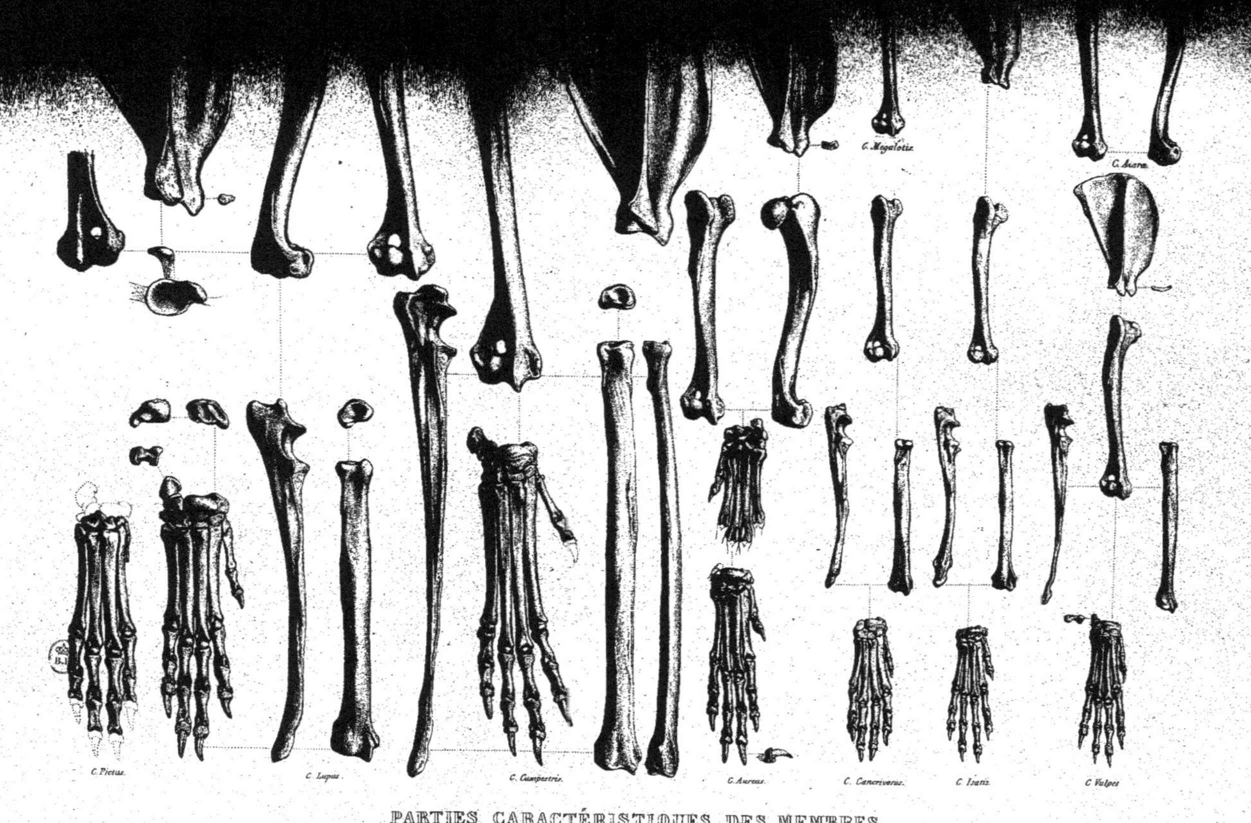

Werner del.

PARTIES CARACTÉRISTIQUES DES MEMBRES.
(Antérieurs. ¼)

Lith. de Becquet.

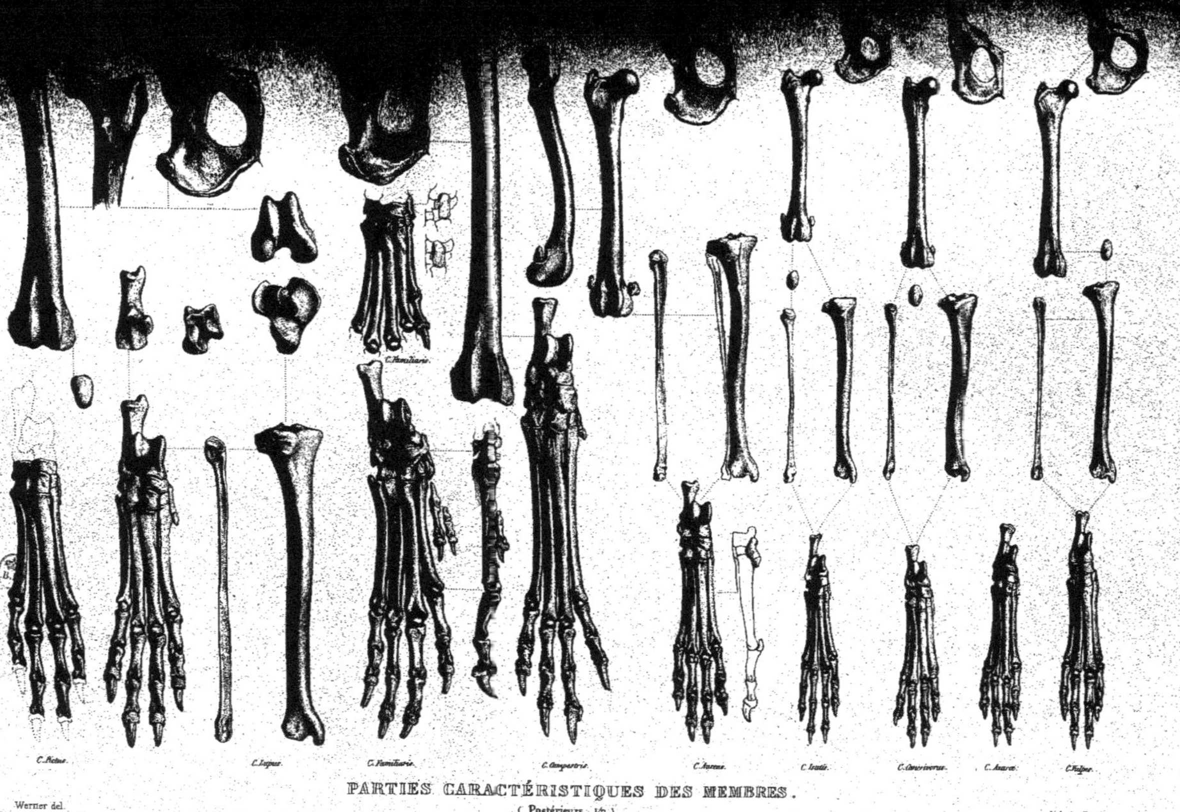

PARTIES CARACTÉRISTIQUES DES MEMBRES.

(Postérieurs. 1/2.)

Werner del.

Lith: de Becquet.

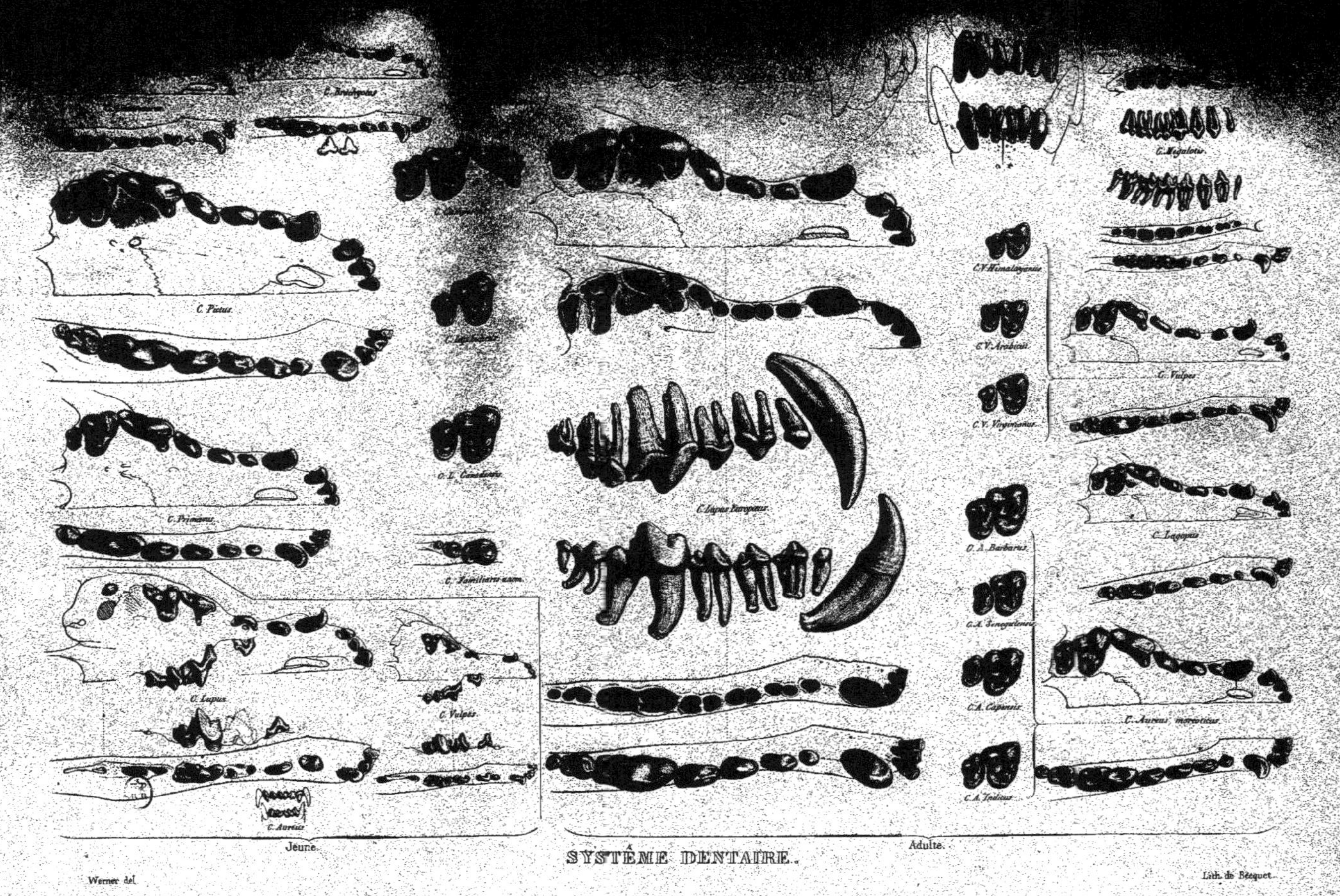

Jeune. Adulte.

SYSTÈME DENTAIRE.

Werner del. Lith. de Becquet.

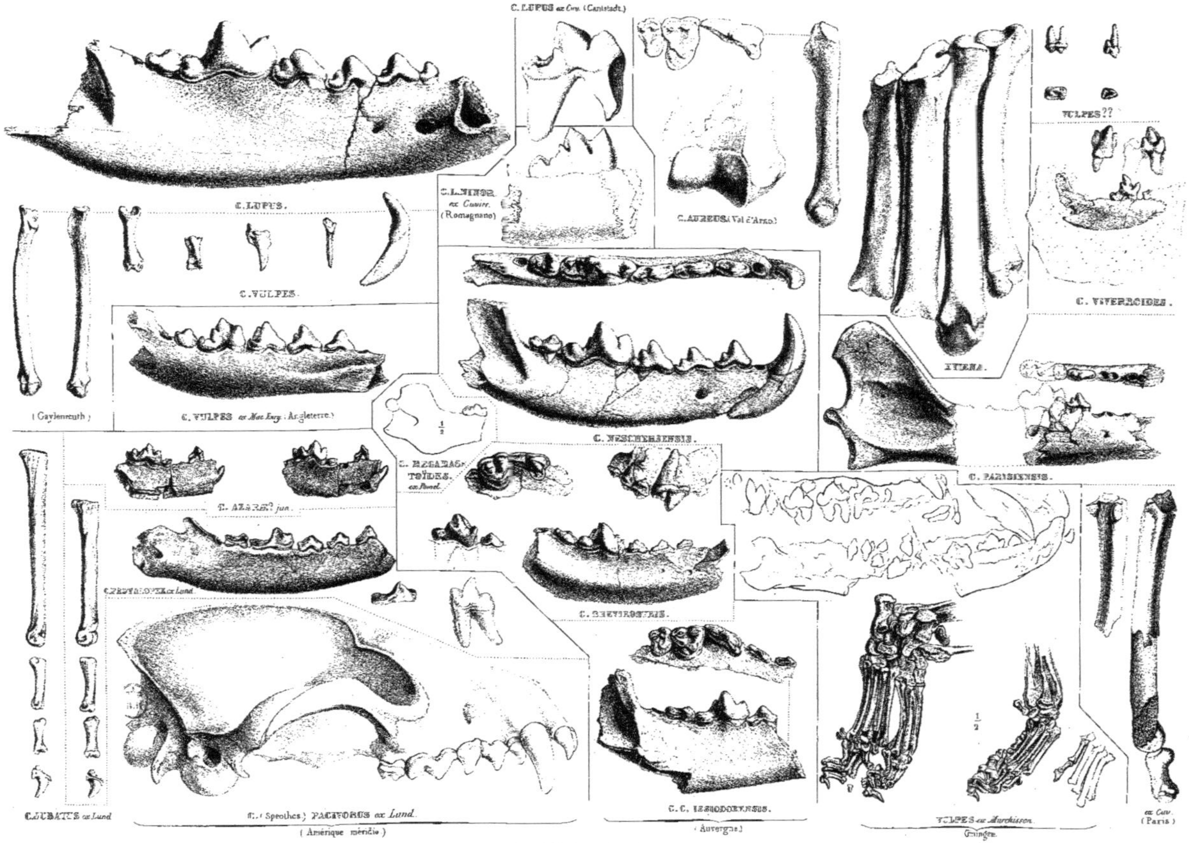

C. LUPUS ex Cuv. (Canstadt.)

C. LUPUS.

C. L. MINOR ex Cuvier. (Romagnano)

C. AUREUS (Val d'Arno.)

VULPES??

C. VIVERROIDES.

C. VULPES.

HYÆNA.

(Gaylenreuth)

C. VULPES ex Mac Enry. Angleterre.

C. NESCHERSENSIS.

C. PARISIENSIS.

C. MEGAMASTOÏDES ex Pomel.

C. AZARÆ? juv.

C. PROTALOPEX ex Lund.

C. BREVIROSTRIS.

C. JUBATUS ex Lund.

C. (Speothos) PACIVORUS ex Lund. (Amérique mérid.)

C. C. ISSIODORENSIS. (Auvergne)

VULPES ex Murchison (Œningen)

ex Cuv. (Paris)

$\frac{1}{2}$

CANES FOSSILES.

Werner del.

Lith. de Becquet.

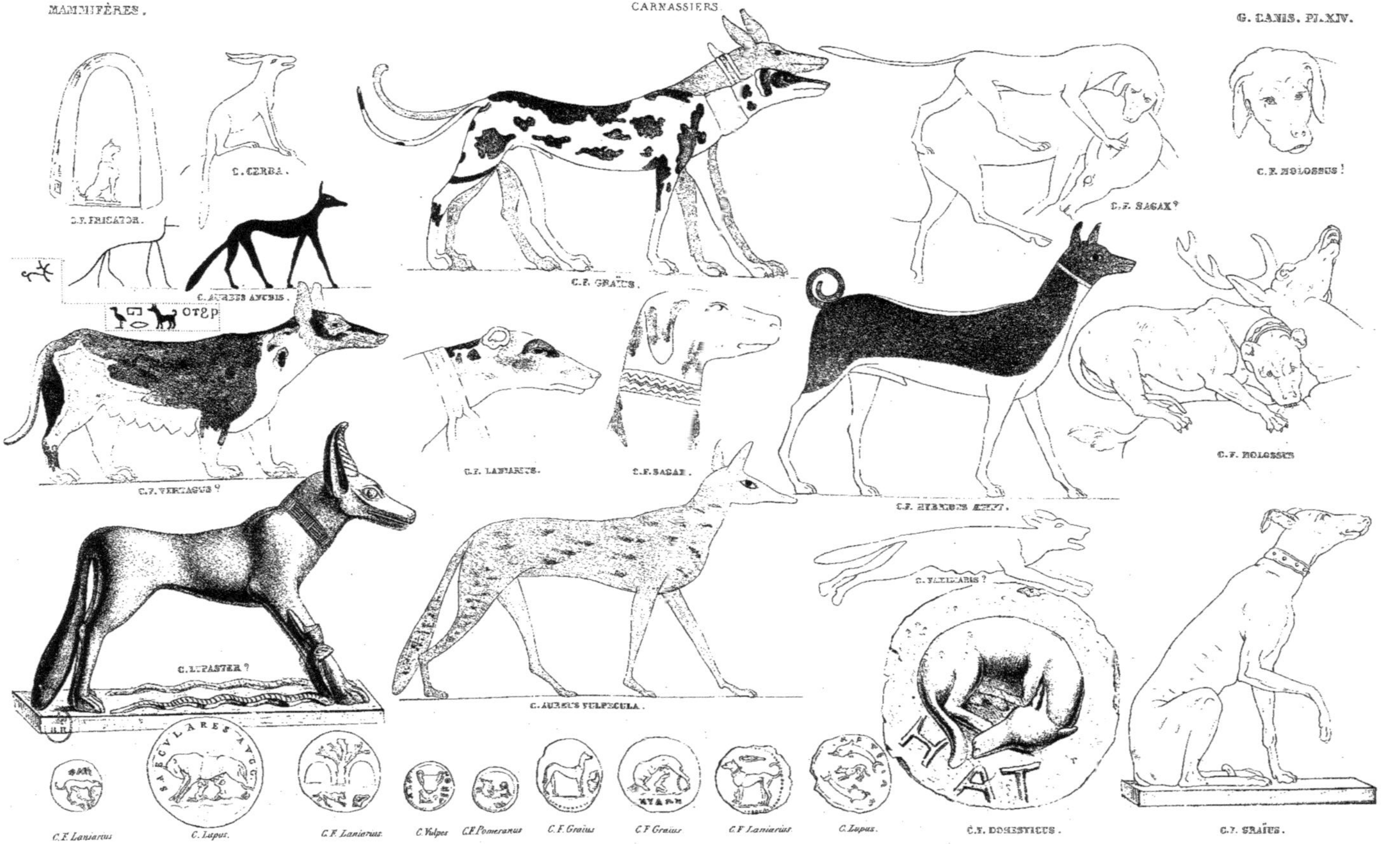

C.F. FRICATOR. C. CERDA. C.F. GRAÏUS. C.F. SAGAX? C.F. MOLOSSUS!

C. AUREUS ANUBIS. C.F. VERTAGUS? C.F. LANIARIUS. C.F. SAGAX. C.F. HYBRIDUS ÆGYPT. C.F. MOLOSSUS

C. LUPASTER? C. AUREUS VULPECULA. C. FAMILIARIS? C.F. DOMESTICUS. C.F. GRAÏUS.

SAECVLARES AVGG

C.F. Laniarius. C. Lupus. C.F. Laniarius. C. Vulpes. C.F. Pomeranus. C.F. Graius. C.F. Graius. C.F. Laniarius. C. Lupus.

CANES ANTIQUI.

Werner del. Lith. de Becquet.

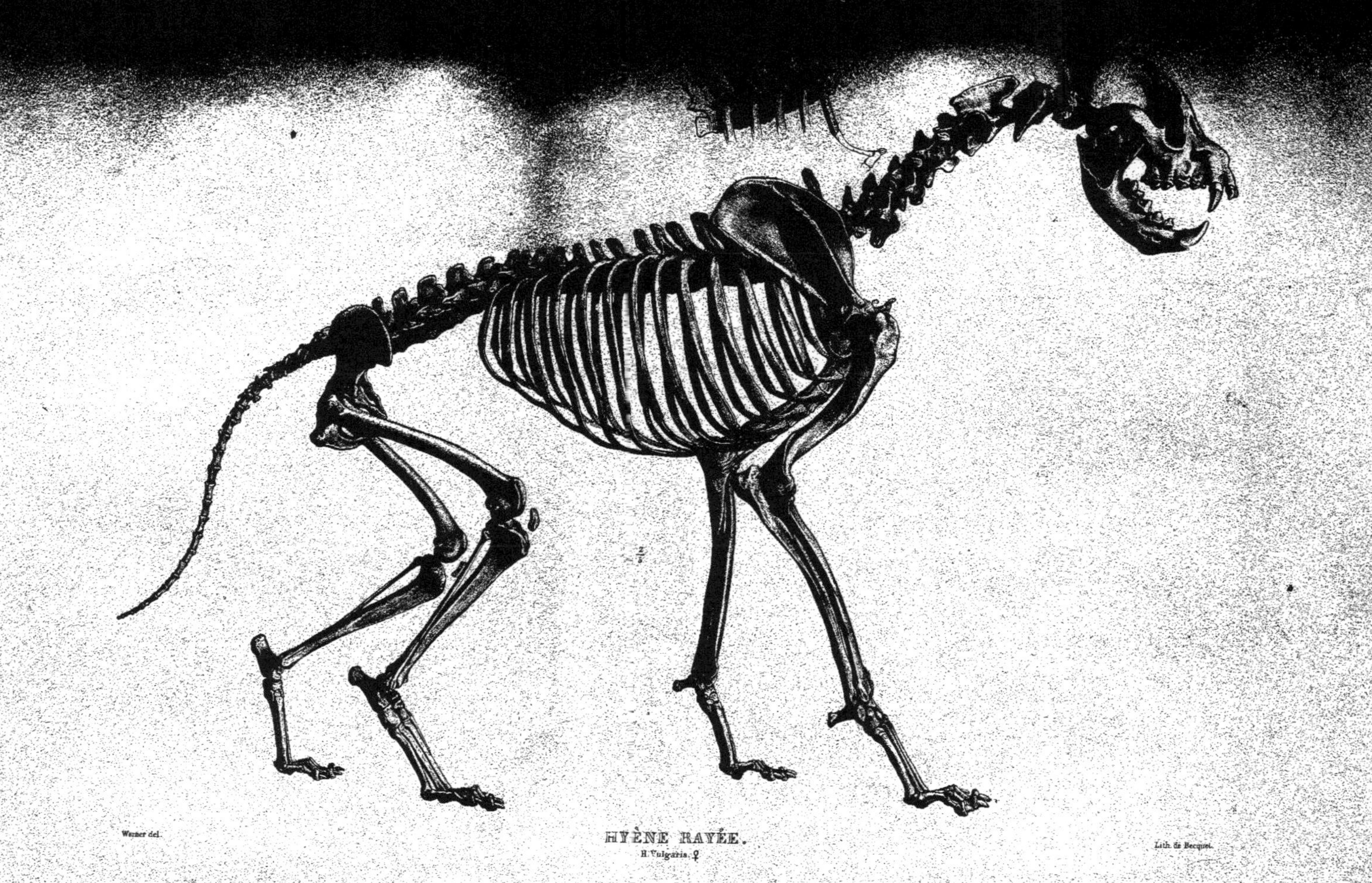

Werner del.

HYÈNE RAYÉE.

H. Vulgaris. ♀

Lith. de Becquet.

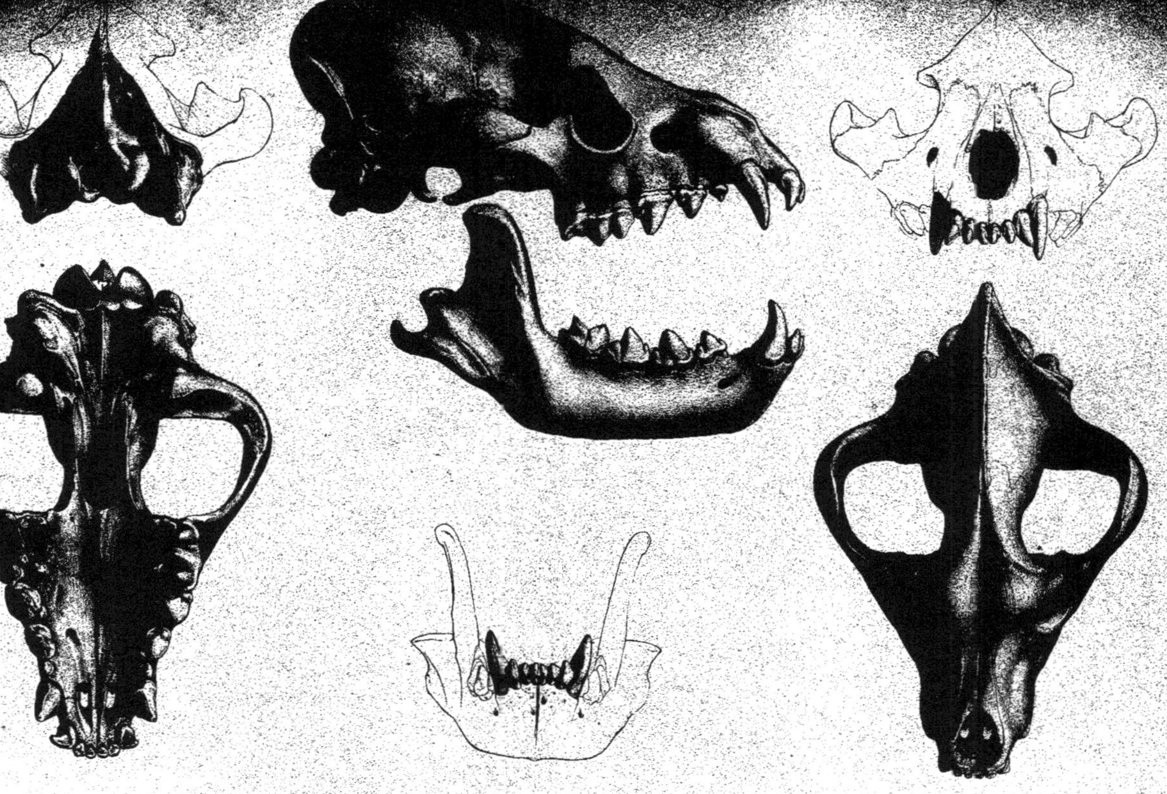

H. VULGARIS. *Barbara*.

$\frac{2}{3}$

Werner del.

Lith. de Becquet.

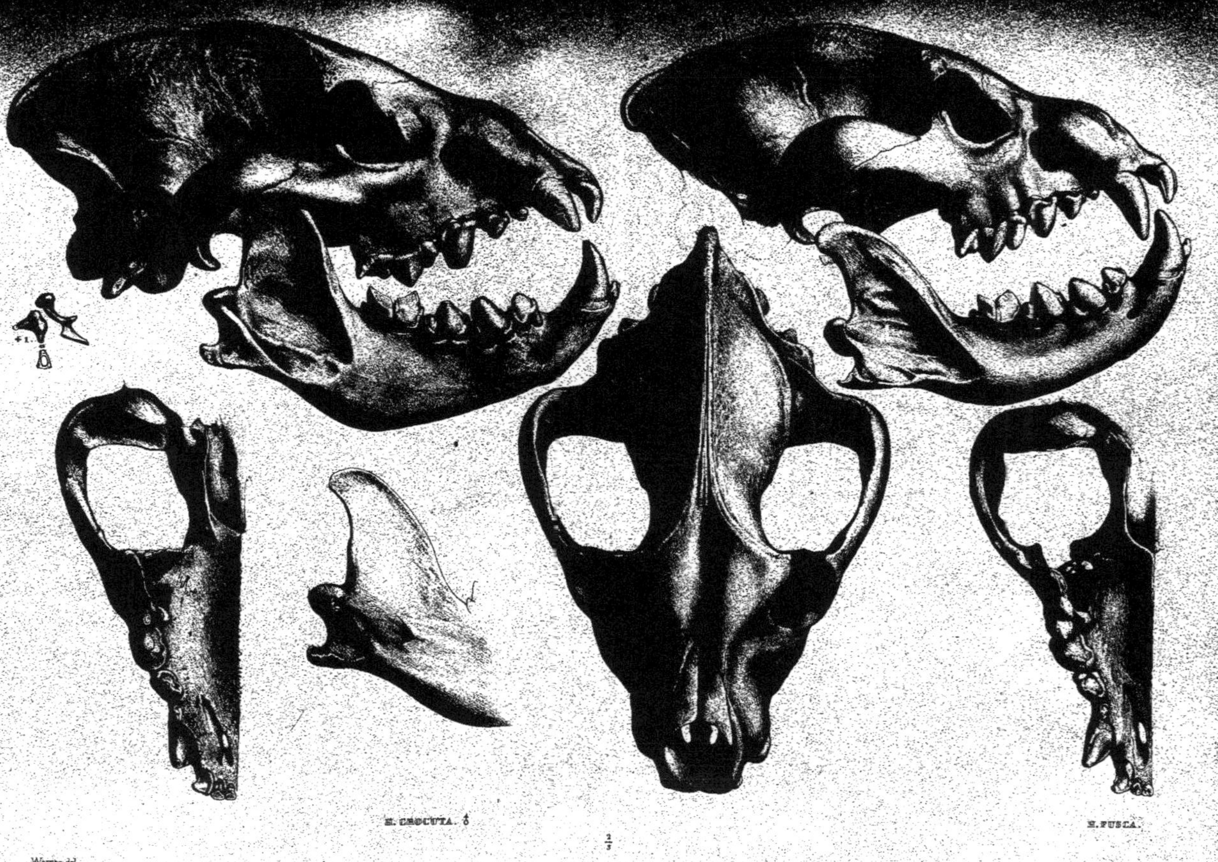

H. CROCUTA. ♂ — H. FUSCA.

2/3

Werner del. — Lith. de Becquet.

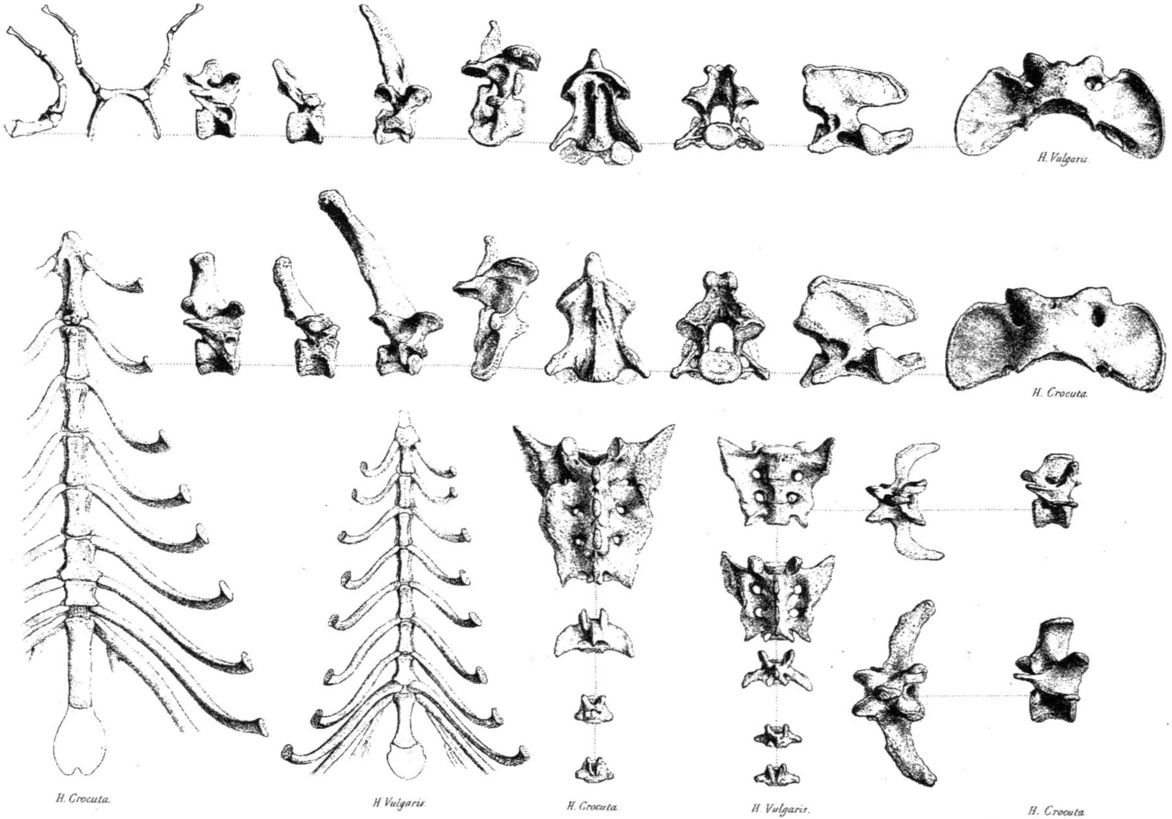

H. Vulgaris.

H. Crocuta.

H. Crocuta.

H. Vulgaris.

H. Crocuta.

H. Vulgaris.

H. Crocuta.

PARTIES CARACTÉRISTIQUES DU TRONC.

$\frac{1}{2}$

Werner del.

Lith. de Becquet.

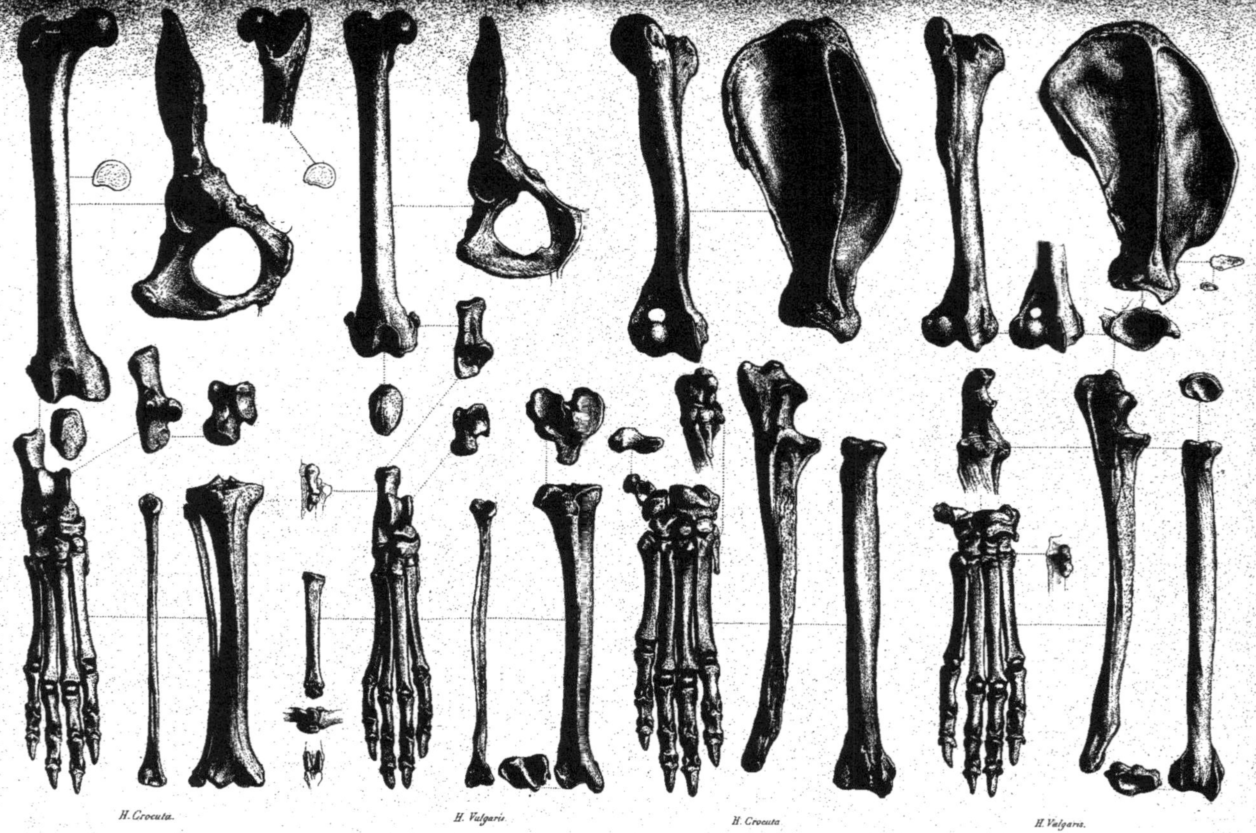

H. Crocuta. *H. Vulgaris.* *H. Crocuta.* *H. Vulgaris.*

PARTIES CARACTÉRISTIQUES DES MEMBRES

antérieurs et postérieurs. $\frac{1}{4}$

Werner del.

Lith. de Becquet.

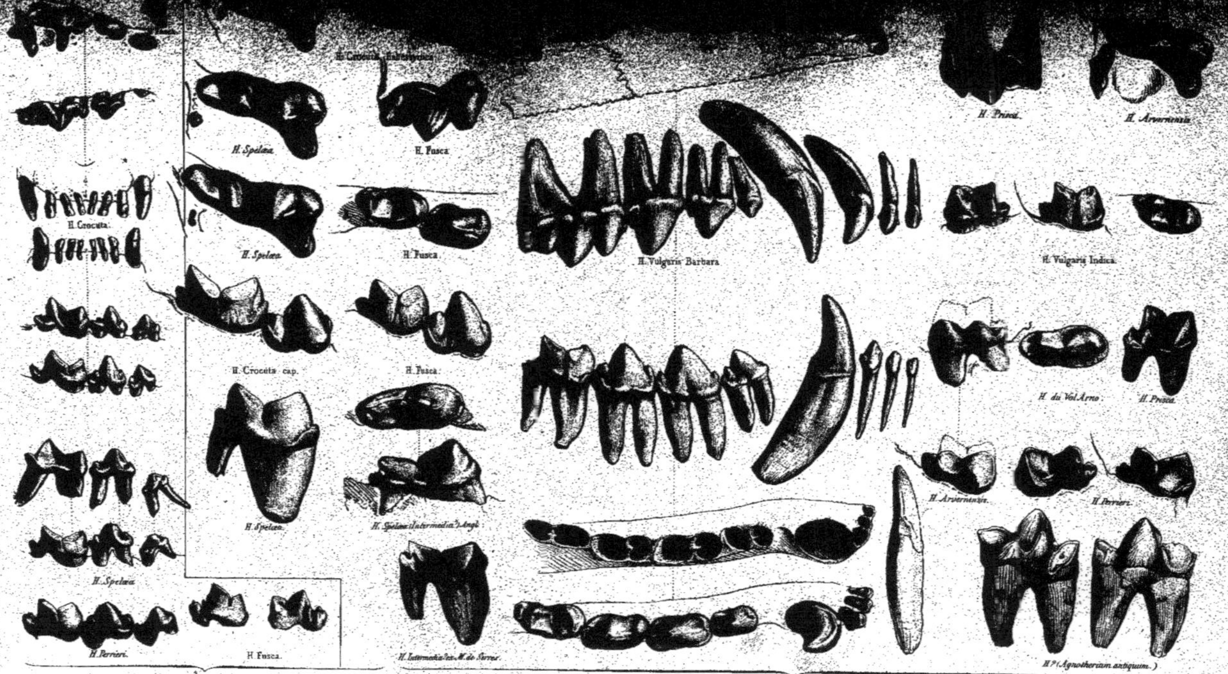

SYSTÈME DENTAIRE.

Werner del.

Lith. de Becquet.

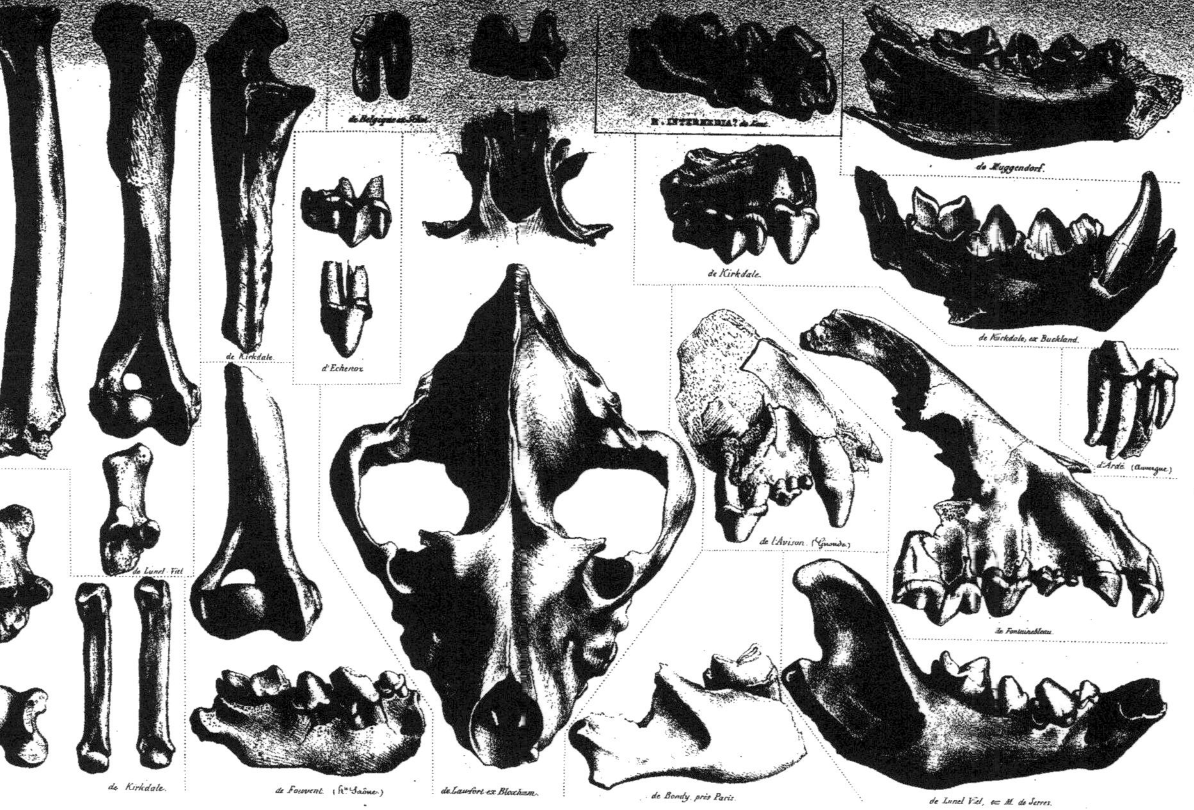

HYÈNES FOSSILES. $\frac{1}{3}$
(H. Spelæa.)

Werner del.

Lith. de Becquet.

H. ARVERNENSIS.

H. [illegible]RISCA, au M. de Serres.

H. . . . . . ? au Baker et Durand (Monts Sivaliks)

H. [illegible]UBIA, au Croizet

H. PERRIERI.

H. INTERMEDIA, au M. de Serres (Montpellier)

AGNOTHERIUM, au Kaup. (Eppelsheim)

Auvergne

H. ARVERNENSIS. Val d'Arno.

HYÆNÆ FOSSILES, $\frac{2}{3}$

Werner del. Lith. de Becquet

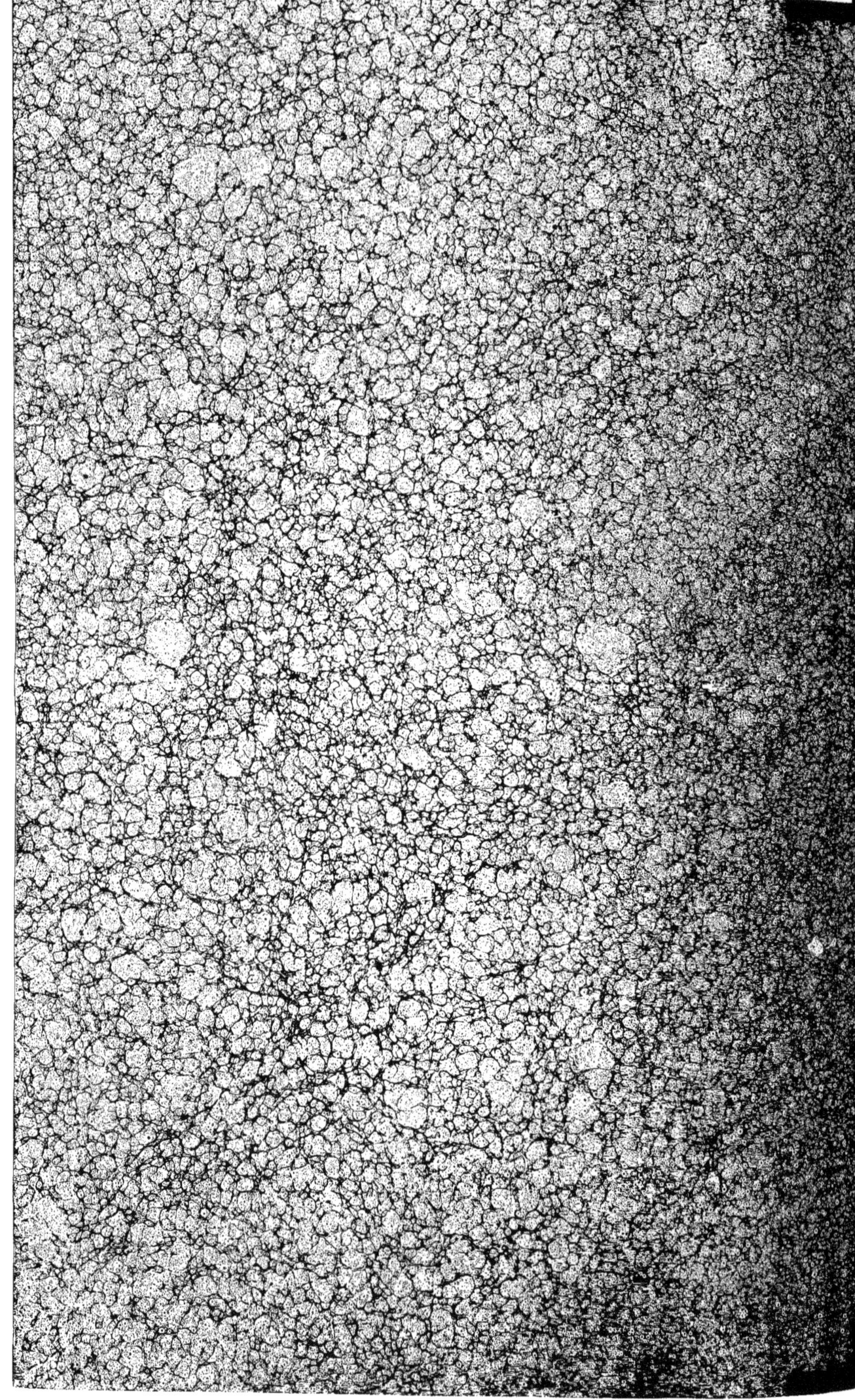

BIBLIOTHEQUE NATIONALE DE FRANCE
3 7531 04113882 8

www.ingramcontent.com/pod-product-compliance
Ingram Content Group UK Ltd.
Pitfield, Milton Keynes, MK11 3LW, UK
UKHW020209250726
13967UKWH00003B/1369

9 782011 931696